乡村振兴
——科技助力系列

丛书主编：袁隆平　官春云　印遇龙
邹学校　刘仲华　刘少军

油茶
主推良种配套丰产新技术

主　编◎陈永忠　陈隆升

U0284811

 湖南科学技术出版社·长沙

《油茶主推良种配套丰产新技术》编委会

主　编◎陈永忠　陈隆升

副主编◎王　瑞　马　力　王湘南　许彦明　何之龙
　　　　刘彩霞　张　震

编委会成员◎（按姓氏笔画排序）

马玉申	王光明	王志超	王　爱	王耀辉
邓森文	龙　玲	叶昌荣	冯宗义	戎　俊
刘红军	刘欲晓	刘豪健	寻成峰	李　宁
李亚力	李志钢	李　泽	李　珂	李　密
李　葵	李　雯	杨小胡	吴友杰	佘海平
张　英	张凌宏	陈柏林	陈嘉龙	罗艳华
周慧彬	庞文胜	胡自力	袁　军	袁德义
莫小勤	贾高峰	徐　婷	高　晶	唐肖彬
唐　炜	龚玉子	康　地	梁军生	彭邵锋
彭映赫	喻锦秀	曾健青	熊建荣	

前　言

　　油茶是我国主要的食用油料树种，也是世界四大木本油料材料树种之一，在我国已有 2300 多年的栽培历史，分布于 15 个省。茶油属优质食用油，其脂肪酸组成中的油酸、亚油酸等不饱和脂肪酸含量占 90%，且结构组成合理、营养丰富，维生素 E 的含量比橄榄油高出 1 倍，是一种优质保健的食用油，长期食用对高血压、高血脂、心脏病等心血管疾病具有很好的医疗保健作用。茶籽粕和果壳含有茶皂素、糖类、粗蛋白、粗纤维等，可以广泛应用于日用化工、制漆、化学纤维、造纸、饲料、肥料、农药等诸多领域。发展油茶产业，对国家粮油安全、乡村振兴和全民健康优质生活都具有重要意义。

　　油茶在我国已有悠久的栽培和利用历史。2008 年 9 月，在湖南长沙举行的首届全国油茶产业现场会是油茶产业发展的里程碑，油茶产业得到了广泛的关注和快速发展。国家将油茶产业提升到确保粮油安全的政治高度，全国油茶生产从基地建设、育种、加工利用和市场品牌等方面得到大幅度提高，构建了初具规模的油茶产业体系。2020 年后，通过对全国脱贫攻坚的经验总结，国家更加重视油茶产业的发展，从中央到南方产区的各级地方政府，把油茶产业作为实施乡村振兴战略的重要抓手，掀起了新一轮的油茶生产高潮，油茶产业进入快速发展阶段。随着科学技术的不断发展进步，油茶科技新理论、新方法、新技术也不断涌现，给油茶产业注入了新的动能。

　　我们在自身科研成果的基础上，通过充分吸收当代油茶研究最新成果和相关学科成果编写了本书。本书分为十章，第一章为油茶概况，简单概述了油茶的资源分布、产业发展历程和油茶生产、社会经济价值等；第二章为油茶生物学特性，论述了油茶生命周期，根、梢、花、果的生长特性和苗木繁育技术，使读者对油茶的基本特性有系统全面了解；第三章为油茶主推良种，重点介绍当前湖南省主要推广的油茶良种，介绍了其典型特征和重要经济性状，方便读者使用；第四章为油茶造林技术，介绍了林地选择、规划、整地、施基肥、种苗选择和定植等关键技术；

第五章为油茶林地管理技术，重点介绍了除草抚育、水肥管理和放蜂技术；第六章为油茶树体培育技术，重点介绍幼林树体培育技术成林修枝整形技术及老林复壮技术等；第七章为油茶农林复合经营技术，重点介绍 3 种蔬菜、7 种中药材、4 种粮食作物、3 种牧草和 2 种养殖等共 19 种农林复合经营技术；第八章为油茶主要有害生物防控技术，重点介绍了油茶 5 种常见病害、8 种虫害和 3 种寄生植物共 16 种有害生物的特性和防控技术；第九章为油茶果实采收与初加工，重点介绍油茶果实采收和采后处理技术；第十章为油茶产业融合发展，重点提出了 7 种油茶一、二、三产业融合发展模式，介绍了 9 个范例及油茶生态农庄融合发展模式，为油茶产业高质量发展提供新思路。

本书聚焦种苗、果实、油茶籽三个阶段，重点面向科研和生产实践的技术人员和生产者，体现了以下四个特色：一是系统性，每一章节的内容及结构都保持着上下连贯，一脉相承，清晰流畅；二是实用性，本书从理论、方法、技术上都保持了实用的因素，具有较强的实用性和可操作性；三是前沿性，本书重点介绍油茶主推良种配套丰产新技术；四是学术性，在本书编著过程中，我们根据自身科学研究发现和其他科研揭示的信息，提出的一些观点具有研究探讨价值，为下一步创新研究提供参考。

为了推广油茶良种配套丰产技术，本书参考和引用了相关专家的研究成果和图片，在此对你们为油茶科技事业做出的贡献、对本书的大力支持表示衷心的感谢！在新的历史时期，我及我的团队愿与广大同仁们一起，为促进油茶产业发展，助力生态文明建设，推进乡村振兴事业谱写新的篇章。

陈永忠

2024 年 3 月 25 日

目 录

第一章　油茶概况

第一节　油茶资源分布

油茶是我国南方特有的经济林木，与油棕、油橄榄和椰子并称为世界四大木本油料树种。油茶在中国已有2300多年的栽培和利用历史。油茶果实去除外果皮后的种子称为油茶籽或茶籽，用油茶籽榨取的食用油称为茶油，不仅味香，而且口感宜人。茶油的脂肪酸组成结构合理，不饱和脂肪酸含量90％以上，富含最重要的单不饱和脂肪酸——油酸，耐贮藏，人体易于吸收，可有效预防心脑血管疾病的发生。茶油及其副产品在日用化工、医药、农业和工业上都具有重要的用途。油茶良种丰产示范基地见图1-1。

图1-1 油茶良种丰产示范基地

一、油茶资源概况

油茶在民间被称为茶子树、白花茶、茶油树、楂木、山柚等，为山茶科山茶属植物。广义上的油茶是指山茶属植物中种子含油率较高，且有一定栽培经营面积的所有近缘种的统称。常见的有山茶属油茶组、短柱茶组、红山茶组共20多种。以普通油茶分布最为广泛，其他如小果油茶、越南油茶、攸县油茶、滇山茶、浙江红花油茶和红山茶、栓壳红山茶和广宁红花油茶等在一些特定的地方有很广的栽培面积（图1-2）。

攸县油茶

大果红花油茶（广宁红花油茶）

小果油茶

多齿红山茶（宛田红花油茶）

浙江红花油茶

溆浦大花红山茶

图1-2　油茶主要近缘种

　　20世纪30年代以前，植物学界对山茶属已有初步的研究。1958年Sealy在 *A revision of the genus Camellia* 的分类系统将山茶属植物分为12个组共106种。张宏达于1981年发表了《山茶属植物的系统研究》，将其分为 4 个亚属 19 个组 196 种；20 世纪 80 年代以后，又有大量的新种被发现，一方面这些大量新种的分类学位置需要被确定，另一方面也是由于山茶属植物潜在的巨大的经济利用价值，使得许多专家和学者从事山茶属植物的分类学研究，如张宏达、闵天禄、梁盛业、叶创兴、张文驹等。其中影响较大的主要是张宏达的分类系统。张宏达在他 1981 年发表的分类系统的基础上，重新订正，在 1998 年发表的《中国植物志》第 49 卷第 3 册中将山茶属分为 22 个亚属（组）280 种，保持了他原先的 4 个亚属不变，即原始山茶亚属、山茶亚属、茶亚属和后生山茶属，其中中国有分布的为 238 种，分属于 18 个组，占 85%，以云南、广西、广东及四川最多。1999 年，闵天禄在《山茶属的系统大纲》中将山茶属归并为茶亚属和山茶亚属 2 个亚属，14 个组，约 119 种，其中中国有分布的为 104 种，占 87.4%。

二、油茶适生条件

油茶适合亚热带地区生长，喜光，喜温暖、湿润的气候，要求年温度在 14 ℃～21 ℃，最低月平均温度不得低于 0 ℃，最热月平均温度不超过 30℃，日照时数为 1300～2200 h；≥10 ℃年积温在 4250 ℃～7000 ℃。相对湿度在 74%～85%，年降雨量在 800～2000 mm，无霜期 200～360 d。

油茶适应性强，能耐瘠薄土壤，一般以 pH 4.0～6.5 微酸性黄壤或红壤为宜，在土层疏松、深厚，排水良好，肥沃的沙质壤土中生长良好，结实丰满，产量及出油率较高。我国是油茶自然分布中心地区，现有油茶林面积约 6800 万亩，占世界总量的 95% 以上，且主要分布于南方 15 个省（区、市），其中以湖南、江西、广西的分布最为集中，约占全国油茶林总面积的 68%。

三、油茶分布

油茶适生于低山丘陵地带，分布在北纬 18°28′～34°34′，东经 100°0′～122°0′的广阔范围内，分布区的北界在淮河—秦岭一线；南界为越南中部和泰国北部；东界为东南海岸和台湾；西界是云南的怒江流域和青藏高原的东缘。垂直分布在东部地区，一般在海拔 800 m 以下，西南部地区可达海拔 2000 m。油茶分布在我国包括湖南、江西、安徽、广西、福建、广东、浙江、湖北、云南、贵州、江苏、四川、重庆、陕西、河南、海南、甘肃和台湾等 18 个省（区、市）1100 多个县，但目前通常认可的是除了江苏、甘肃和台湾三省以外的 15 个省（区、市）800 个重点县。其中核心分布区在长江以南到北回归线附近，即湖南、江西、广西和广东北部、浙江西部、湖北和重庆南部、贵州东部等地区。油茶林面积在 10 万亩以上的县有 200 个，约占全国总面积的 70%，总产量的 85% 以上，是我国油茶生产的商品基地，现在栽培面积仍在不断扩大。

油茶的分布常常受到气候、立地条件和油茶本身的生物学特性等因素的制约，庄瑞林等将全国主要产区划分为亚热带的南、中、北三个地带九个区，简称"三带九区"。在这个范围内，油茶一般都能生长并开花结果，但产量高低有所不同。油茶分布的北带边缘，由于气温低，冬季低温在 −3℃ 左右的天数较长，花期日均温在 12℃ 以下，果实生长期降雨少，所以开花结果较差。油茶分布的北带西部，如四川有些地方，由于光照不足和温度偏低的关系，普通油茶虽能生长，但有些地区开花结果有时受气候影响较大。油茶分布的南带西部，由于气温高、湿度大，普通油茶生长和结果都受到一定的影响，成为越南油茶等耐热物种的主要发展地区。油茶分布的中带为普通油茶的中心产区，但由于东部、中部和西部在地形、地貌和气候条件等方面差异较大，因此，生产力有所不同。一般在低纬度、中海拔的山地丘陵土层深厚的地方，产量较高，增产潜力大。

在油茶近缘种中，小果油茶，又名江西籽，主要分布在江西宜春和福建、广西，栽培面积仅次于普通油茶。越南油茶，又名大果油茶，主要分布在广东高州市、广西南部、云南西南部，分布区与越南接壤，栽培面积较大。攸县油茶，又名野茶籽，呈零星分布，主要分布在陕西南部、湖南攸县、浙江富阳等地。浙江红花油茶，主要分布在浙江、江西、福建、安徽、湖南等地，如浙江青田、缙云、磐安、遂昌，江西德兴、婺源，福建霞浦等地，油质好，花可入药，是优良的景观和庭园绿化品种，宜在高海拔地区推广。腾冲红花油茶主要集中分布在云南腾冲市及周边地区，同时也是食用油生产和观赏功能俱佳的优良物种。博白大果油茶，又名赤柏子，不宜在中亚热带栽种。白花南山茶，主要分布在广东封开、广西苍梧。南荣油茶，主要分布在广西昭平。茶梨油茶，又名八瓣油茶，主要分布在浙江龙泉、江西龙南。皱果油茶，主要分布在广西龙胜、湖南永顺等地。威宁短柱油茶，主要分布在贵州威宁等地。油茶主要近缘种见图1-3。

普通油茶丰产林
（云南省建水县，海拔1600 m）

滇山茶老林
（云南腾冲市，海拔2000 m）

图1-3　油茶主要近缘种

油茶垂直分布的这种径向变化与我国整个地貌由东向西越来越高的变化是一致的：云贵高原油茶垂直分布的上限和下限是最高的。从气候上说，这种径向变化与温度的变化有关，在纬度相同的情况下，虽然由于地势西高东低，西部年平均气温低于东部，但这样由东向西随海拔升高气温降低的程度却不如同一地区随海拔升高气温降低那样明显，一般海拔每升高100 m，气温的垂直递减率为0.4 ℃～0.6 ℃，有的甚至是0.5 ℃～1.0℃。而空气湿度一般随海拔高度增加而上升，土壤湿度随海拔高度增加而下降，风速增大，光照增强。由于气温随海拔升高而下降，油茶物候期推迟几天。因此，不同海拔高度的油茶生长和结实产生差异，一般低海拔地区油茶的产量则有高有低，这是在不同海拔高度上温度、湿度和光照对油茶生长和结实综合影响的结果。

研究发现，油茶的垂直分布随着纬度升高，其分布的上限和下限逐步降低，北部一般在600 m以下，最高为850 m；南部一般在200～

800 m，最高达 2200 m 左右；在峰峦相接的山区、丘陵和盆地间地区分布的上限大于在孤山区域的；在高山丘陵，一般南坡分布上限高于北坡。一般南坡、东坡和东南坡是最适合油茶生长的，其中尤以东坡为最佳立地条件，有利于油茶生长发育、开花结果和油脂的形成转化，因此，这些地方的油茶产量高。油茶的产量随海拔高度的增加而下降，一般在海拔 400 m 范围内，油茶产量可以发挥最大增产潜力。从 400 m 开始，随海拔高度的逐渐上升，油茶产量不断下降。同时，油茶产量随着坡度的增加而下降，一般低海拔山顶和高海拔的山坡上部结果较多，中海拔结实量较低。海拔高度相同，山顶生长的油茶较山腰和山麓生长的矮小，但结实量山顶高于山腰，山腰高于山麓，这主要是不同海拔高度的小气候差异影响的结果。果实性状在不同地形和海拔上存在一定的差异，一般丘陵果实大，出籽率高。山地丘陵果实大小和平均出籽率比丘陵区低，而山区含油量较山地、丘陵高。单果平均重、单果籽量、出籽率、出仁率从低海拔到中海拔相应地有所降低（图 1-4）。

造林后第 7 年的油茶良种林（湖南龙山，海拔 950 m）

图 1-4　高海拔地区油茶良种示范林

第二节　油茶生产发展历程

油茶的历史文献记载可追溯到先秦时期，中华民族的祖先们早在

2300 多年前就开始认识油茶，并进行种植与利用。据清宗法《三农记》（1700 年）引证《山海经》绪书："员木，南方油食也。"这里的"员木"即油茶。北宋苏颂（1020—1101）的《图经本草》（1061）有较为清晰的油茶种植和利用记载，书中对油茶籽的产地、性状和效用等进行了详细记载。明清后的记载文献、史志等就更丰富了。虽然油茶作为经济树种已有两千多年的栽培和利用历史，但作为一个产业来发展只是近二十年的事。20 世纪中叶前，油茶生产一直未得到足够重视，油茶林粗放经营，易遭到破坏和荒芜，产量低。20 世纪中叶后，油茶生产逐步恢复和壮大，形成初具规模的产业构架，其发展大致经历了六个阶段。

一、20 世纪 50 年代为生产恢复阶段

出台了《关于发动农民增加油料生产》文件，对大面积荒芜的油茶林进行垦覆，产量逐渐上升，1956 年茶油产量达 8 万吨。

二、20 世纪 60 年代为曲折发展阶段

油茶良种选育工作开始起步，前期大面积营造油茶林基地，后期油茶林基地进展缓慢，产量大幅下降，倒退到新中国成立初期水平。

三、20 世纪 70—80 年代为恢复发展阶段

政策进一步落实，科技成果逐步推广，油茶林面积比新中国成立初期扩大了 50%，产量增加了 3 倍，达 13 万吨，全国选育出优良农家品种 20 多个，建立油茶母树林 1666.7 hm²，实生种子园 400 hm²，发明油茶芽苗砧嫁接技术，实现了油茶苗木繁育技术变革。

四、20 世纪 90 年代至 21 世纪初为产业起步阶段

选育出油茶优良无性系等良种 40 多个并广泛推广应用，进一步完善油茶芽苗砧嫁接规模繁育技术，研究推广系列丰产栽培和低产林改造技术，油茶林面积达 4530 万亩，年产茶油 24 万吨。

五、2008 年后为油茶产业初级发展阶段

2009 年 11 月，由国家发改委、财政部、国家林业局联合出台了《全国油茶产业发展规划（2009—2020 年）》，经国务院批准正式颁布，2014 年 12 月，国务院办公厅印发《关于加快木本油料产业发展的意见》（国办发〔2014〕68 号），明确提出进一步加快木本油料产业发展，大力增加健康优质食用植物油供给，切实维护国家粮油安全。到 2020 年，全国油茶种植面积 6676.7 万亩，茶籽产量 314.16 万吨，年产茶油 72 万吨，年产值 1528.8 亿元，相比 2009 年的 4531.2 万亩、产茶籽 98 万吨、产油 24 万吨和产值 81 亿元分别增长了 48.06%、3.2 倍、3.0 倍和 18.8 倍，构建了初具规模的油茶产业体系。全国油茶良种年生产能力从 5000 万株增加到 8.8 亿株，规模增长 12 倍，全国油茶产业示范园 90 处；全国油茶生产的企业数由 659 家增加到 2817 家，油茶专业合作社 8028 个，大户 4.9 万个。茶油在国产高端植物油中的占比已达到 80%，全国现有油茶地理标志产品和地理标志证明商标共计 74 个，创建具有区域竞争力的茶油知名品牌 200 个。建设国家和部省工程中心、重点实验室等油茶研发机构 33 处。良种繁育、生态造林、复合经营、机械化应用等关键技术取得有效进展，选育油茶良种 466 个，其中通过国家审定的有 163 个。研发和完善了茶果脱壳和茶油冷榨、鲜榨加工工艺、茶枯和茶壳综合利用、绿色精深加工等技术，显著提升了茶油加工产量和质量，产业链条进一步延伸，油茶产品附加值不断提高。油茶产区的政府通过引导贫困户自主发展或联合企业、合作社、农户共同建设油茶基地，做大做强油茶经济，有效拓宽了当地贫困人群的就业门路和增收渠道，带动近 200 万名贫困人口通过油茶产业脱贫增收。

六、2018 年后油茶产业进入了高质量发展阶段

通过近十多年的快速发展，油茶种植面积和产量规模显著提升，在精准脱贫、乡村振兴中发挥了重要作用。2022 年中央一号文件《中共中央 国务院关于做好 2022 年全面推进乡村振兴重点工作的意见》明确提出，"支持扩大油茶种植面积，改造提升低产林"。国家林草局印发的《林草产业发展规划（2021—2025 年）》中提出，"十四五"期间，要重点优化产业布局。科学规划油茶资源与加工引导区、市场化发展区、资源培育拓展区，引导产业向优势产区集中，打造区域产业集群。适度扩大油茶种植规模，推动低产林改造，提高单产水平，建设油茶良种繁育基地和油茶高产林基地，提升加工水平。培育规模化茶油加工企业，规范小作坊茶油生产，大力发展食品、保健品、化妆品、日化用品等新型

油茶产品，推进油茶加工副产品循环综合利用。强化科技创新。加快研制高产、高油、高抗"新一代"油茶新品种，加强国家油茶工程技术研究中心等平台建设运营，推广应用科研成果。推进市场和品牌建设。支持地方建设油茶专业交易市场，加强茶油产品检验能力建设，培育一批国内国际知名品牌，树立茶油"高端国油"形象。预计到2025年全国油茶种植面积达到9000万亩，茶油年产量达到200万吨。油茶大面积丰产林见图1-5。

图1-5　油茶大面积丰产林

第三节　油茶生产与社会经济

我国食用植物油消费呈刚性增长，进口依存度达到70%。发展油茶生产可以增加食用油供给，缓解进口压力，有利于维护国家粮油安全。油茶具有不与粮争地、不与农争田的独特优势。茶油是优质保健的高端食用植物油，能满足国人对高档食用油的需求，有助于优化食用油消费结构，提高国民膳食健康水平。目前，油茶产量不断提高，茶油价格也一直呈上升趋势，单位面积产值从1975年的23元/亩，增加到3000元/亩，油茶产业的发展能够促进林农就业增收、实现精准脱贫、助力乡村振兴。据不完全统计，湖南省先后有260多万名林农和贫困户、900万名群众参与油茶产业发展，户均实现年增收3700元以上。同时油茶属常绿树种，四季常青，适生范围广，生态效益显著。大力发展油茶产业，能够加速推进国土绿化、切实贯彻"两山"理念。

一、从食用油小油种晋升到大宗油料作物

我国食用油料主要包括大豆、油菜、花生、棉籽等传统油脂，玉米油、稻米油（米糠油）和茶油等新兴油料。在国产油脂中，油茶籽油是木本油料，适合于南方低山丘陵种植。为进一步提高我国大宗油料生产能力，增加食用植物油有效供给，保持一定的国内自给水平，2016 年，国家发展改革委、农业农村部和国家林业局编制了《全国大宗油料作物生产发展规划（2016—2020 年）》，将油茶正式列入全国大宗油料的范畴。

二、建设了初具规模的产业链架构

油茶产业基本实现了从育种、基地建设、加工和市场营销等全产业架构的建设（图 1-6、图 1-7）。全国油茶种植面积已达 6750 万亩，其中丰产林面积 3000 多万亩；油茶专业合作社和油茶生产大户分别达到 8028 家和 4.9 万个。依托湖南省林业科学院建立了国家油茶工程技术研究中心、中国油茶科创谷、省部共建木本油料资源利用重点实验室，依托中国林业科学研究院建设国家油茶科学中心等研发平台。国家林业和草原局建设油茶产品质量检测中心和油茶产业协会等服务平台，以及国家林业和草原局油茶生物产业基地（湖南省常宁市）、油茶产业科技示范园等集成示范基地，为油茶产品的研发、检测、标准制（修）订等提供技术支撑；在湖南建设全国性油茶产品交易专业市场，为油茶系列产品提供长期、固定、公开的批发交易场所；拓展了油茶产品"互联网+"交易，拓宽油茶产品营销渠道。还与中国农业发展银行、国家开发银行等金融机构共建社会融资平台，开发油茶贷等专项贷款。

图 1-6　油茶加工企业现代制油装备

图 1-7　油茶加工和综合利用产品展示

三、以品牌宣传带动的市场营销逐步扩大

茶油品牌建设是拓展市场的主要着力点。2017年国家林业和草原局成立了林业品牌工作领导小组，以加快林业品牌建设；中国林业产业联合会木本油料分会成立了中国茶籽油品牌集群，以促进茶籽油质量和价值的提升。据不完全统计，全国已有油茶地理标志保护产品和地理标志证明商标74个，全国各级龙头企业创建具有区域竞争力的茶油知名品牌200多个，茶油销售范围也从传统的产区扩展到国内的重要城市，部分还出口到海外市场。随着茶油市场的拓展，企业对自身品牌意识越发重视，政府也依据资源优势，积极参与油茶品牌建设。2018年，湖南省人民政府出台了《关于深入推进农业"百千万"工程促进产业兴旺的意见》，将"湖南茶油"作为首批三大省级公用品牌之一重点打造，取得显著成效，制定发布了《"湖南茶油"公用品牌商标》和"湖南茶油"（T/HNYC 001—2019）团体标准，"湖南茶油"先后获"中国粮油十大影响力公共品牌"和"中国木本油料影响力区域公用品牌"称号。江西、广西也正在开始建设本区域茶油公用品牌。"衡阳油茶""邵阳油茶"跻身中国特

色农产品优势区，"赣南油茶"列入中国首批农产品地域品牌，荣获"标杆品牌"称号，品牌价值 66.85 亿元。神农国油、龙成一品油茶籽油、沈郎乡有机山茶油、新田岸油茶籽油、天玉油茶籽油、友尼宝茶油、大三湘茶油、山润山茶油、贵太太茶籽油、广垦茶油入选中国茶油"十大知名品牌"。以茶油区域公用品牌为引领，集地方区域特色品牌、企业知名品牌为一体的茶油品牌体系初步形成。

第二章　油茶生物学特性

　　油茶是喜酸、喜光的阳性树种，适生区域要求光照充足，年平均气温 16 ℃～22 ℃，年降水量 800 mm 以上，pH 值 4.0～6.5 的酸性和微酸性红壤区。花期气温为 10 ℃～13 ℃，花期连续降雨影响授粉，极端低温或晚霜会造成落花、落果。油茶根系发达，油茶属两性虫媒花，花白色、红色或黄色等。普通油茶花期 10—12 月为秋花类型，部分近缘种花期 2—4 月为春花类型，果实次年 9—10 月成熟。油茶经济收益期长达 50 年以上，百年以上大树也能开花挂果。

第一节　油茶生命周期

　　油茶是常绿小乔木或灌木，寿命长达几十年甚至数百年。油茶从种子萌发开始至植株开花、结实、衰老、死亡为止，是它的个体发育过程，也是它的生命周期，在整个发育过程中要经过几个性质不同的发育阶段，各个阶段都表现出它固有的形态特征和生理特点，既包括新结构的形成和增长，又包括准备产生新结构的生理变化。因此，把油茶的个体发育过程划分为幼年、成年、衰老三个阶段。在栽培上可根据各阶段特点，分别制定相应的技术措施，并提出各阶段管理的中心任务，达到速生、早实、丰产、稳产的目的。

一、幼年期阶段

　　油茶的幼年期阶段是指种子萌发后，从胚芽萌动开始至植株进入开花结实这一阶段，包括胚芽期、幼苗期和幼年期。

　　油茶幼年期阶段的存在，限制了结果年龄的提早。但是幼年期阶段是成年期阶段的基础，如果不能在幼年期间进行旺盛的营养生长，使结实期有良好的骨架，则易导致树势衰弱，提早进入衰老期，所以要使油茶有良好的树体结构，必须从幼年期开始培育。

　　油茶幼年期阶段的长短因物种、品种而有所差异。山茶属不同物种的幼年期阶段，所经历的时间各不相同，攸县油茶最短，仅 1～2 年，广宁红花油茶、南山茶幼年期阶段长达7～9年。普通油茶不同品种（类型）在同一区域试验点，也表现出长短差异。

油茶通过扦插和嫁接培育苗木上山定植之后，也需要一定的时间才能开花结实，在外观上往往难以和实生苗的幼年阶段相区别，扦插和嫁接苗一般多用成年阶段的枝条作插（接）穗，虽然有诱导开花的能力，但在定植初期，因为旺盛的营养生长不能形成花芽，或者因环境条件的影响使花芽的形成受到阻碍。但经过一个时期就能形成花芽并开花结实，这与实生苗的成熟，即从幼年期阶段向成年期阶段转变有本质上的不同。

1. 胚芽期

油茶从种子萌发到上胚轴伸长形成真叶的阶段称为胚芽期（图2-1）。油茶种子分种皮和种胚两部分，种胚由胚根、胚茎、胚芽和子叶四部分组成。

油茶种子播种后通常20～30天萌发，如果播种前采用植物生长调节剂等处理，可有效缩短萌发时间2～7天。播种后，种子在满足发芽条件的环境中吸水膨胀，种胚开始萌动生长，种皮胀破，胚根从种脐的珠孔处伸出，子叶柄伸长，把胚轴推出种子外侧，便于胚根往下伸长，胚茎直立，失去了种子的形态，成为直立于土中的个体，但胚芽尚未出土形成绿叶，此时的营养物质完全靠子叶供应，属于胚性生活方式，形态上的变化和发展只是为过渡到自营光合作用建立基础。上胚轴继续伸长，突出地面，标志着胚芽期结束，幼苗期开始。

图2-1 油茶种子萌发过程

油茶发育完全的胚苗，可分上胚轴与下胚轴，上胚轴顶端具幼芽，下胚轴末顶有根尖和根，长 8～16 cm，上、下胚轴的连接处有节，两侧着生子叶，子叶柄宽扁，长 6～8 mm，宽 3 mm 左右，黄白色，基部有腋芽。

油茶种子贮藏休眠时，含水量保持 20％左右，早春催芽时种子为了萌发需要，含水量很快提升到 50％～60％，苗木出土时含水量达到 70％以上。在种子萌发过程中，油茶种子呼吸作用显著活跃，过氧化氢酶、过氧化物酶、多酚氧化酶等各种酶活性增强；种子内的淀粉、糖、蛋白质、脂肪等有机物质含量急剧变化。萌发到胚根出现时，种子脂肪总含量减少 40％，蛋白质急剧减少 50％，但氨基酸增加 30％～70％，子叶中的核酸减少，胚中的核酸增加。

2. 幼苗期

当胚苗的上胚轴不断伸长突出地面，长出茎叶形成正常油茶植株起至当年生长停止，这一阶段称为幼苗期。油茶幼苗期主要特点是由胚芽期的胚性生活方式逐渐过渡到独立生活方式，在形态上建立营养器官，特别是绿叶的形成，芽叶的原始性状明显。油茶在幼苗期一般主干胚轴不分枝，不开花结实。这个时期幼苗生长依靠子叶储藏的养料，同时又要靠幼叶进行光合作用制造养分，有着双重营养方式。胚芽出土时红色，幼茎淡绿色后变紫褐色，密被淡黄色粗毛，具初生不育叶 3～5 片，互生、披针形，长 4～6 mm，背淡红色且边缘有细锯齿，这种发育不全的小叶是胚芽期形成的叶原基发育成的鳞片。幼苗的绿叶是由胚苗出土后重新分化出的叶原茎发育而成的，当幼茎长至 4～5 cm 时生长发育出第一片真叶，常为卵圆形或广圆形、较小，接着又形成第二、第三片叶，一般幼苗具 3～4 片叶后形成顶芽，展叶即自行停止。在展叶期间幼苗的主干也相应生长，因而两叶之间有一定距离，称为节间。随着顶芽展叶的自行停止，主茎生长也自行停止，这时出现了油茶幼苗期的第一次休眠。施金玉等研究发现油茶幼苗的生长是有节奏性的，一年内有 3～4 次生长与休眠的交替期。由图 2-2 看出，自 5 月至 11 月间苗高与地径各出现三次生长高峰，一个高峰期过后即出现一个生长缓慢的休眠期，所以休眠是幼苗生长一个阶段后发生的。生长与休眠是幼苗生长过程中的必然现象，休眠是生长的准备阶段，生长又是休眠的基础。

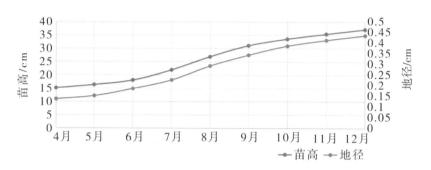

图2-2 油茶苗木年生长周期

3. 幼年期

油茶幼苗于翌年初春结束生命周期中的第一次冬眠后，即进入了幼年期。幼年期是童年期向成年期过渡，为植株开花、结实进行生殖生长而积累物质基础的重要阶段。油茶3～6年生幼树生长挂果情况见图2-3。

油茶幼年期的主要特点有：

1）在营养方式上，子叶已脱落，幼树已完全脱离胚性的营养方式，靠光合作用进行独立的营养生活；

2）在形态发生上，根系由直根系类型发展为枝根系类型，主干不断分枝，树冠由单轴分枝发展到合轴分枝；

3）油茶幼年期主要是营养生长，不能进行生殖作用。

湘林210号造林后3年

湘林210号造林后6年

图2-3 油茶3～6年生幼树生长挂果情况

二、成年期阶段

油茶实生苗经过旺盛的营养生长的幼年期阶段，地上和地下部分达到一定大小之后，才能转变为有开花结果能力的成年期阶段，这并不意味着幼年期阶段一结束就立刻转入成年期阶段，中间还存在一定时间的过渡阶段，因为随着种子萌发生长，从幼年期阶段向成年期阶段发展是顺着树干逐渐发生的，是从顶端分裂最旺盛的部分开始的，所以有一段时间幼年期阶段和成年期阶段是同在一个树体内混合存在的。因此，可把成年期阶段划分为生长结果期和盛果期两个时期。

1. 生长结果期

油茶从童年期阶段进入成年期阶段即由初果期至盛果期，中间存在过渡阶段，这一时期树体结构基本构成，从营养生长占优势逐渐转变至营养生长与生殖生长趋于平衡的阶段，即树龄 6～10 年这一阶段。此时树体生长旺盛，大量分枝，树冠迅速扩大，开花结实量逐年增加，产量处于持续上升阶段。油茶幼林进入结实阶段或成年期阶段以后，随着树龄增大，产量逐年提高，表现为年龄与产量呈显著正相关。

2. 盛果期

盛果期是油茶大量结果时期，也是获得最大经济效益的时期，此时树冠与根系已扩展到最大限度，产量达到高峰，油茶盛果期新梢集中到树冠外层生长，郁闭于树冠内部的小侧枝，发生自疏现象，自下而上逐步地发生干枯。这种自疏作用，使营养物质集中到树冠外层，形成顶端优势，结果部位外移。

油茶进入盛果期后，生殖生长占优势，对光温、水肥的需求也多，如管理不当，每年的产量波动很大，形成结实的大小年，有时情况非常严重，还会出现早衰现象。栽种油茶是为了在较长的时间内获得较高的产量和经济效益，因此，防止大小年结果，延长盛果期的年限以夺取稳产高产，是该阶段栽培管理的主要任务。油茶盛果期与立地条件、经营管理水平和栽培物种、品种有关，在正常情况下，普通油茶 10 年左右开始进入盛果期，可以延续 40～50 年，博白大果油茶、浙江红花油茶、溆浦大花红山茶、广宁红花油茶和宛田红花油茶等近缘种的盛果期比普通油茶晚，一般在 15 年以后，但它们的盛果期要比普通油茶长数十年。油茶成林丰产树见图 2-4。

图 2-4   油茶成林丰产树

三、衰老期阶段

衰老是指油茶组织走向死亡过程中的自然变化，是与生命终结有关的老化过程，生长速率的降低是一切衰老过程的共同特性。油茶进入衰老期阶段最突出的一个标志是骨干枝衰老或干枯，吸收根大量死亡并逐渐波及骨干根，根幅变小，根茎处出现大量的不定根。衰老的另一个表现是周期性的花果负荷繁重，大小年非常明显，落蕾落花现象严重。开花结实之后引起末梢的衰亡，树冠出现大量枯枝，萌芽力显著衰退，芽小而少，容易感染病虫害和寄生生物。值得注意的是，油茶骨干枝的衰老不是在同一时期发生的，在同一植株中有先后之分，这就使树冠的衰老期可以延长很多年，部分油茶老树在干枯的同时，还能在基部萌生出新的枝梢，形成油茶老林的"多代同堂"现象，见图 2-5，这也是衰老油茶林中还有一定产量的原因。对这种衰老的油茶林，尽管加强抚育管理，但仍不能避免产量下降的趋势，在实际生产中对这种老残林的改造很难获得较好的经济效益。

总之，油茶的个体发育是由幼年到老年的生物学年龄的变化，是有规律，且按严格顺序动态发展的。因此，人们采取的农业技术措施，必须符合这一规律性变化的要求，使农业技术措施在环境条件的综合影响下产生良好的作用。

图2-5 油茶老林的"多代同堂"

第二节 根系生长

油茶属直根植物，主根发达，种子萌发时首先胚根伸出，20天后胚芽才出土。幼年期阶段主根生长量一般大于地上部分生长量，成年时正好相反。成年时主根能扎入2～3 m深的土层。油茶80％以上的吸收根主要分布在5～30 cm深的土层中，如果是粗放管理或荒芜林地则基本都分布在30 cm的浅表土层；而抚育管理较好的，有19％的吸收根系分布到40 cm左右深的土层（图2-6至图2-7）。油茶根系基本是以树冠垂直投影线附近为密集区，其分布与品种、树龄、立地条件和管理水平密切相关。油茶根系生长具明显的趋水趋肥性。

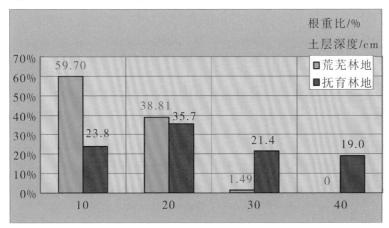

图2-6 油茶根系分布情况

油茶每年都有大量的新根长出，当春天来临，土温达到10℃时开始萌动，春梢停止生长之前出现第一个生长高峰，这时的土温为17℃左右；其后与新梢生长交替进行，当温度超过37℃时根系生长受到抑制，所以夏季树蔸基部培土或覆草能降低地温，减少地表水分蒸发，利于根系的生长。9月，果实停止生长至开花之前又出现第二个生长高峰，这时的土温大约是27℃，含水量17％左右。12月后根系生长逐渐缓慢。

图2-7　油茶根系剖面深度

第三节　新梢生长

一、油茶新梢分类

油茶新梢和叶片构成了树体的主要部分，是植物进行光合作用并为树体制造营养物质、转运贮藏各种营养成分、参与很多重要生命代谢活动的重要场所。叶片在源库理论上是最为重要的"源"，是实现油茶树体生长，开花挂果和丰产稳产等重要功能的器官。从幼小植株开始，油茶的叶片随当年新梢生长，通常有30％左右能保留到第二年，其余叶片在春梢生长前脱落。油茶新梢数量和叶面积迅速增长，是满足树体生长和结果的必要条件。

油茶的新梢主要是由顶芽和腋芽萌发，有时也可从树干上萌生的不定芽抽发。油茶顶端优势明显，顶芽和近顶腋芽萌发率最高，抽发的新梢结实粗壮，花芽分化率和坐果率均较高。树干不定芽萌发常见于成年树，有利于补充树体结构和修剪后的树冠复壮成形。

油茶幼树生长旺盛，在油茶主产区一些立地条件好、水肥充足的地方，一年中可抽发春梢、夏梢、秋梢（图2-8）。

春梢是指立春至立夏间长出的新梢，长江流域多于3—5月长出。春梢数量多，粗壮充实，节间较短，是当年开花和积累养分的主要来源之一，强壮的春梢还可以成为抽发夏梢的基枝。据调查，60%的叶片和90%的花、果都在春梢上，因此春梢的数量和质量，决定了树体的营养状况，同时也会影响树体生长和第二年结果枝的数量与质量，所以培养数量多、质量好的春梢是争取高产稳产的先决条件之一。

夏梢是指立夏到立秋间长出的新梢，一般6—7月长出；幼树能长出较多的夏梢，促进树体扩展。始果期的幼树生长的夏梢，少数长势好、发育充实的也可当年分化花芽，成为次年的结果枝。

秋梢是立秋到立冬间长出的新梢，一般9—10月长出；以幼树和初结果的或挂果少的成年树较多，但由于抽发时间晚，不能分化花芽，在亚热带北缘的晚秋梢容易受到冻害。

1. 萌动 2. 露白
3. 破绽 4. 展叶
5. 伸长 6. 植株

图2-8 新梢生长过程

二、油茶物候期

油茶每年的生长发育都有与外界环境条件相适应的形态和生理机能的变化。这种与季节性气候变化相适应的组织器官所表现出来的动态时期称为油茶的物候期。

油茶是一种生长速度相对较慢的长寿树种，生命周期长，其花芽和果实生长发育历时1周年以上。花芽分化在当年的春梢上，而果实则在去年的春梢上，果实生长与花芽发育交替进行；油茶秋花秋实，往往果期尚未结束，花期又至，所以民间称之为"花果同期"，这是油茶异于其他果树植物的重要特征（图2-9）。正因为此种特性，对油茶树利用机械采果还很困难，原因是当前常用的机器技术在采果的同时，也会把花、花苞和叶片一同采下来，影响树体生长，使明年出现减产。对油茶物候学进行深入研究，可以更好地了解油茶的生长、开花与结实等生物学特性和规律，对深入开展资源研究利用、良种选育、品种配置以及高效栽培管理等具有重要现实意义。

油茶"抱子怀胎"　　　　　　　油茶"花果同期"

图2-9　油茶"抱子怀胎"和"花果同期"

普通油茶是广生态幅树种，分布于全国18个省（自治区、直辖市），从北纬18°30′～34°40′含多种类型的气候生态区，但其各个器官的发育规律是基本一致的，只是因为当地的气候因素影响，使物候期的发生有迟早的差别。研究油茶的营养循环和生殖循环，找出营养循环对生殖循环的影响，对选种有现实作用。

三、油茶新梢源库流特性

油茶的源与库之间是相互联系、相互协调、相互统一的。源是产量形成的物质基础，库对源有反馈作用。提高油茶产量的总体目标为源足、库大、流畅。油茶新梢上着生有 60％ 的叶片和 90％ 以上的花芽和果实。因此，新梢是油茶最主要的源器官之一，同时也是重要的库集中分布区，其生长特性对同化物分配和果实生长有着密切关系。

油茶的新梢可以分为两大类六种类型，即与果并生短梢、与果并生中梢、与果并生长梢、无果并生短梢、无果并生中梢、无果并生长梢等六类（图 2 - 10）。采用^{13}C 同位素示踪技术，探究不同类型枝条同化物对花芽发育和果实生长过程中碳（C）的贡献率。

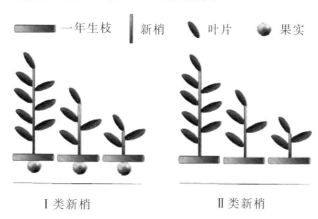

一年生枝　　新梢　　叶片　　果实

Ⅰ类新梢　　　　　　　Ⅱ类新梢

图 2 - 10　油茶不同类型新梢处理示意图

1. 花芽前分化期新梢同化物的分配

在花芽前分化期六种类型新梢叶片的光合产物能够供自身以及果实生长发育，但是Ⅰ类枝从叶片向果实运输的光合产物多于Ⅱ类枝，其中Ⅰ类短枝最多，达 44.8％；Ⅱ类枝叶片保留的光合产物大于Ⅰ类枝，其中Ⅱ类短枝保留的最多，达 93.83％（表 2 - 1）。

表 2-1 花芽前分化期不同类型新梢 ^{13}C 同化物 （mg·枝$^{-1}$） 的累积与转运

新梢类型	总计	花芽前分化期				
		果实	花芽	叶芽	枝条	叶片
Ⅰ 类长枝	202.639	25.739		0.061	44.122	132.717
	(100%)	(12.70%)		(0.10%)	(21.70%)	(65.50%)
Ⅰ 类中枝	228.971	59.964		0.123	30.428	138.456
	(100%)	(26.19%)		(0.05%)	(13.29%)	(60.47%)
Ⅰ 类短枝	170.62	61.040		0.144	15.252	94.184
	(100%)	(35.78%)		(0.08%)	(8.94%)	(55.20%)
Ⅱ 类长枝	246.616	—		0.091	85.733	160.792
	(100%)	—		(0.04%)	(34.76%)	(65.20%)
Ⅱ 类中枝	215.577	—		0.114	45.141	170.322
	(100%)	—		(0.05%)	(20.94%)	(79.01%)
Ⅱ 类短枝	200.611	—		0.101	12.271	188.239
	(100%)	—		(0.05%)	(6.12%)	(93.83%)

注：Ⅰ类长枝是指枝长在 13～20.3 cm 范围或更长的与果并生新梢，Ⅰ类中枝是指枝长在 7.5～13 cm 范围内的与果并生新梢，Ⅰ类短枝是指枝长小于 7.4 cm 与果并生新梢，Ⅱ类长枝是指枝长在 13～20.3 cm 范围内无果并生新梢，Ⅱ类中枝是指枝长在 7.5～13 cm 范围内的无果并生新梢，Ⅱ类短枝是指枝长小于 7.4 cm 无果并生新梢。

2. 果实迅速膨大期新梢同化物的分配

在花芽前分化期六种类型新梢叶片的光合产物在果实迅速膨大期，Ⅰ类短枝固定的光合同化物已经不够供给整个新梢，只有 2.97% 能够供给枝条，所以此时Ⅰ类短枝的枝条长势较弱。Ⅰ类新梢叶片将更多的光合产物运输给与之并生的果实，Ⅱ类新梢叶片则将更多的光合产物运输至整个新梢之外的地方，可能是运输到距离其最近的果实上。

表 2 - 2 　果实迅速膨大期不同类型新梢¹³C 同化物（mg・枝⁻¹）的累积与转运

表 2 - 2 　果实迅速膨大期不同类型新梢^{13}C 同化物（mg・枝$^{-1}$）的累积与转运

新梢类型	总计	果实迅速膨大期				
		果实	花芽	叶芽	枝条	叶片
Ⅰ 类长枝	162.608	88.633	1.108	0.036	26.667	46.164
	(100%)	(54.51%)	(0.68%)	(0.02%)	(16.4%)	(28.39%)
Ⅰ 类中枝	176.208	134.955	0.794	0.087	10.815	29.557
	(100%)	(76.59%)	(0.45%)	(0.05%)	(6.14%)	(16.77%)
Ⅰ 类短枝	189.724	154.688	0.862	0.088	5.635	28.451
	(100%)	(81.53%)	(0.45%)	(0.05%)	(2.97%)	(15.00%)
Ⅱ 类长枝	73.021	—	2.645	0.031	29.449	40.896
	(100%)	—	(3.62%)	(0.04%)	(40.33%)	(56.01%)
Ⅱ 类中枝	67.929	—	1.6	0.028	24.336	41.965
	(100%)	—	(2.36%)	(0.04%)	(35.83%)	(61.78%)
Ⅱ 类短枝	36.816	—	0.648	0.029	6.126	30.013
	(100%)	—	(1.76%)	(0.08%)	(16.64%)	(81.52%)

3. 油脂合成期新梢同化物的分配

在花芽前分化期六种类型新梢叶片的光合产物在油脂合成期，Ⅰ类短枝固定的光合同化物已经不够供给整个新梢，只有 6.84% 能够供给枝条，其他五类新梢在花芽分化前期固定的同化物都有减少，发生了外运的情况，所以此时Ⅰ类短枝的枝条长势较弱。Ⅰ类新梢叶片将更多的光合产物运输给与之并生的果实，其中Ⅰ类短枝外运的最多，Ⅱ类新梢叶片则将更多的光合产物运输至整个新梢之外的地方，推测是运输到距离其最近的果实上。

表 2 - 3 　油脂合成期不同类型新梢^{13}C 同化物（mg・枝$^{-1}$）的累积与转运

新梢类型	总计	油脂合成期				
		果实	花芽	叶芽	枝条	叶片
Ⅰ 类长枝	157.841	113.503	1.142	0.017	14.349	28.83
	(100%)	(71.91%)	(0.72%)	(0.01%)	(9.09%)	(18.27%)

续表

新梢类型	总计	油脂合成期				
		果实	花芽	叶芽	枝条	叶片
Ⅰ类中枝	115.425	79.13	0.927	0.039	8.738	26.591
	(100%)	(68.56%)	(0.80%)	(0.03%)	(7.57%)	(23.04%)
Ⅰ类短枝	173.631	136.308	0.864	0.066	11.877	24.516
	(100%)	(78.50%)	(0.50%)	(0.04%)	(6.84%)	(14.12%)
Ⅱ类长枝	59.71	—	1.106	0.078	27.334	31.192
	(100%)	—	(1.85%)	(0.13%)	(45.78%)	(52.24%)
Ⅱ类中枝	48.665	—	1.244	0.023	17.057	30.341
	(100%)	—	(2.56%)	(0.05%)	(35.05%)	(62.35%)
Ⅱ类短枝	40.522	—	1.194	0.051	6.971	32.306
	(100%)	—	(2.95%)	(0.13%)	(17.20%)	(79.72%)

4. 果实采收期新梢同化物的分配

在花芽前分化期六种类型新梢叶片的光合产物在果实采收期，Ⅰ类短枝固定的光合同化物基本没有变化，已经不够供给整个新梢，只有3.36%能够供给枝条，其他五类新梢在花芽分化前期固定的同化物都有减少，发生了外运的情况，所以此时Ⅰ类短枝的枝条长势较弱。Ⅰ类新梢叶片将更多的光合产物运输给与之并生的果实，其中Ⅰ类短枝外运的最多，Ⅱ类新梢叶片则将更多的光合产物运输至整个新梢之外的地方，是运输到距离其最近的果实上，且Ⅱ类新梢给枝条的分配率相对较高，所以Ⅱ类新梢相对长势较强。

表 2-4　果实采收期不同类型新梢^{13}C 同化物（mg·枝$^{-1}$）的累积与转运

新梢类型	总计	果实采收期				
		果实	花芽	叶芽	枝条	叶片
Ⅰ类长枝	160.602	115.909	0.462	0.021	14.278	29.932
	(100%)	(72.17%)	(0.29%)	(0.01%)	(8.89%)	(18.64%)

新梢类型	总计	果实采收期				
		果实	花芽	叶芽	枝条	叶片
Ⅰ类中枝	97.808	56.278	0.598	0.049	10.939	29.944
	(100%)	(57.54%)	(0.61%)	(0.05%)	(11.18%)	(30.62%)
Ⅰ类短枝	162.684	129.866	0.324	0.029	5.466	26.999
	(100%)	(79.83%)	(0.20)	(0.02%)	(3.36%)	(16.60%)
Ⅱ类长枝	55.554	—	0.508	0.056	22.470	32.52
	(100%)		(0.91%)	(0.10%)	(40.45%)	(58.54%)
Ⅱ类中枝	50.325	—	0.9	0.016	15.641	33.768
	(100%)	—	(1.79%)	(0.03%)	(31.08%)	(67.10%)
Ⅱ类短枝	37.313	—	3.782	0.047	5.235	28.249
	(100%)	—	(10.14%)	(0.13%)	(14.03%)	(75.71%)

5. 油茶不同节位叶片同化物运输和分配研究

在油茶花芽生理分化期对不同节位（1、3 和 5）叶片进行^{13}C 标记试验（图 2-11），明确了油茶不同节位叶片的同化物运输和分配机制。叶片位置会影响油茶叶片光合特征参数，除叶绿素 a/b 外，光合特征参数的大小顺序为：第 5 片叶＞第 3 片叶＞第 1 片叶。另外，果实不同生长发育期对叶片光合作用的影响从大到小顺序为：油脂转化期 ＞ 成熟期 ＞ 快速生长期 ＞ 生长初期。第 1 节位叶片制造的光合产物在整个果实生长发育期仅分配给同一节位的花芽和叶芽；第 3 节位叶片制造的光合产物除了分配给同一节位的花芽和叶芽，在果实快速成熟期开始分配给第 4 节位的芽和果；而第 5 节位叶片制造的光合产物在标记后 4 小时仅分配给同一节位的芽，但在标记 10 天后，也会分配到果实中。油茶上部叶（第 1 节位叶片）制造的光合产物主要分配给第 1 节位的花芽，有助于花芽的形成；中部叶（第 3 节位叶片）制造的光合产物主要分配给同一节位的芽和邻近的果实，所以新梢中部的芽既有花芽也有叶芽，而下部叶（第 5 节位叶片）制造的光合产物主要用于果实的生长。所以，在大年疏果有助于下一年的花芽形成，增加油茶第二年的产量；而在小年，则应保留果实，以维持油茶的当年产量。

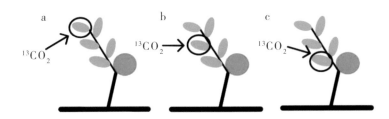

图 2-11 ¹³C 标记光合产物分配实验示意图

四、油茶新梢源库流协同与产量关系

通过对油茶研究表明，随着留叶量的增加，即增源处理，果实单果重随之增加，且不会影响油茶果实的出油率及不饱和脂肪酸含量，所以通过适当增加油茶果实周围枝叶数量可以提高果实重量。通过适度减源处理，分配到芽的碳水化合物数量会得到提高，但是当重度减源处理时，碳水化合物将向活跃的叶片及芽库转移。源库比改变也会影响其他器官的生长发育，特别当营养生长及生殖生长旺盛期间，向其转运的碳水化合物会逐渐增加。

植物光合同化产物的分配受库与源相互关系的支配，各个器官的竞争能力也可以影响光合产物的分配方向和分配量。在实际生产中，光合同化产物的运输分配是决定植物产量和品质的一个重要因素，不同整形修剪措施能有效地改变同化产物在各个器官的积累与分配。合理的源库关系调整可以提高树体内组织的同化物含量，对叶片光合同化物的合成起到正调控作用。

当库强相同时，油茶去叶等疏源处理可以显著提高源叶的叶绿素含量、净光合速率、气孔导度、叶片蒸腾速率、羧化效率、最大光化学效率、实际光量子产量和光合电子传递速率等相关参数。研究发现油茶 1 果 2 叶时，源叶叶绿素含量、净光合速率、气孔导度、羧化效率、最大光化学效率、实际光量子产量和光合电子传递速率值均为最高，而同时的 1 果 6 叶处理最低，并且随着源叶数量的减少，叶片叶绿素含量、净光合速率、最大光化学效率、实际光量子产量和光合电子传递速率等参数随之提高（表2-5）。石斌等研究结果表明，当库相同时，疏源处理可以显著提高源叶的光合相关参数。这也说明了油茶源叶光合特性对源库关系有很好的适应性，在实际生产中可通过适当的源库调整来实现对环境光合条件的最大利用，从而取得最大的生产效益。

表2-5　不同源库关系处理

名称	处理1	处理2	处理3	处理4	处理5	处理6
处理方法	1果2叶	1果4叶	1果6叶	1果2叶及对称枝	1果4叶及对称枝	1果6叶及对称枝
示意图						

油茶的库是储存光合同化物的器官，包括幼叶、嫩枝、芽和果实等器官。油茶树体同化物分配模式受多种因素影响，光合同化物在植物各个库中的分配也取决于其库的竞争能力和相对位置等条件。当源叶数相同时，油茶去果处理造成了源叶中碳水化合物的过度积累，从而降低了源叶的叶绿素含量、净光合速率、气孔导度、叶片蒸腾速率、羧化效率、最大光化学效率、实际光量子产量和光合电子传递速率等。光合色素及光合参数研究发现，油茶无果处理组的叶片淀粉含量显著增加，但与其代谢相关的酶活性显著降低。当源叶枝上无明显的库强时，其源叶可以向周围库运输光合产物，但其运输量却比较低，相同的源叶数，远弱于果枝上源叶的供应能力，并且大部分光合产物向种仁中运输。

油茶树上的源库是相对的，随着生育期的改变，源库的地位有时会发生变化。同一器官，可为源也可为库，关键要看生育时期，同化产物输出者为源，接纳者为库。如幼叶为库，成熟叶则为源。油茶的源是指向其他生长器官或组织输送光合产物的器官和组织。在油茶的生育时期中，凡绿色部分含有叶绿素的器官和部位均可进行光合同化，可称为广义的源；利用或储存同化物或其他物质的器官或组织可称为广义的库。

在油茶的营养生长中，功能叶片、绿色的果皮均有一定的光合同化能力，也是一种"源"，根也属于"源"的一部分，因为合成碳水化合物所需的矿质营养都须通过根系来吸收。而幼叶、茎尖等分生组织为主要的库，它们接受蔗糖等同化物，用于呼吸和细胞结构的合成。在油茶的生殖生长阶段，功能叶仍是同化产物的主要供应者，而幼叶和茎随着同化物的积累也逐渐成长为可供应同化物的源；此时，花蕾、油茶果为主要的库，并且同化物绝大部分以不同形式储存于油茶籽中。

第四节　花芽发育与果实生长

一、油茶叶芽形态与发育

油茶新梢生长和新叶展现的同时，在顶部和叶腋间又形成顶芽和腋芽，每处顶芽和腋芽的数量至少有一个，顶芽一般有 3 个着生在一起，多的有 5 个以上，腋芽也有 2 个着生在一起的。芽的数量取决于油茶本身生长条件，长期养分不足的油茶各枝条顶部和叶腋间有一个顶芽或腋芽。抚育管理较好、养分也充足的油茶顶芽或腋芽也多，每处最少着生一个顶芽或腋芽。顶芽和腋芽起初很小，腋芽长约 1 mm，茎粗约 0.5 mm，顶芽比腋芽大，长约 2 mm，茎粗约 0.8 mm，在顶芽中有 3 个或 3 个以上着生在一起时，中间的比较粗大，旁边的比较细小。顶芽和腋芽到 4 月下旬春梢生长基本停止。然后开始膨大，到 6 月下旬开始分化，凡圆而粗、呈红色的为花芽，细扁而尖、呈青绿色的为翌年萌发新梢的叶芽，待明年抽出春梢，也有个别的成为当年的夏梢（图 2-12）。

油茶的结果枝主要是去年的春梢。油茶的芽属叶芽和花芽并存的混合芽，花芽大多着生于春梢的枝顶上部，花芽分化是在春梢基本结束生长后开始的，各地因气候条件不同而不同。例如，云南广南从 5 月上旬开始分化，湖南、江西、浙江是在 5 月中下旬开始分化，8 月底基本结束。但也有少数花芽于 9—10 月夏、秋梢分化的，这是不正常的现象，

图 2-12　油茶新梢幼果、新叶、老叶、顶芽和腋芽

这种晚发育的花芽大部分发育不健全，易落花落果。

二、油茶花芽分化和形态发育

1. 花芽分化物候期

油茶于 3 月中下旬开始抽发春梢，至 4 月中下旬春梢缓慢或停止生长，叶腋间的芽开始发育，花芽进入生理分化期，时间在 2 周左右。自 5 月上旬起，花芽进入形态分化期，花期稍晚的无性系则要到 5 月中下旬，5 月下旬至 6 月上旬，花芽的外观形态较胖，色泽变成紫红色，与叶芽已可明显区分，至 9 月中下旬花芽形态饱满，颜色为棕黄或黄绿色，花芽形态分化基本结束，花期稍晚的种质要推迟至 10 月上中旬。10 月中下旬起始花期出现，花芽分化结束。

2. 花芽形态分化的内部解剖结构及外观形态

花芽大小在 3.0 mm×3.0 mm，肉眼目测观察还不太清楚时，从石蜡切片观测到花芽已开始进入前分化期，即处于将分化或初始分化的阶段。从石蜡切片观察，油茶花芽形态分化过程大致分为 6 个时期：前分化期、萼片形成期、花瓣形成期、雄雌蕊形成期、子房与花药形成期和雄雌蕊成熟期，各个时期的解剖结构与花芽外观形态对照见图 2-13。

| 1-a. 前分化期 | 2-a. 萼片形成期 | 3-a. 花瓣形成期 | 4-a. 雄雌蕊形成前期 |

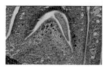

1-b. 前分化期　　2-b. 萼片形成期　　3-b. 花瓣形成期　　4-b. 雄雌蕊形成前期

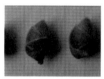

5-a. 子房与花药形成前期　6-a. 子房与花药形成后期　7-a. 雄雌蕊成熟前期　8-a. 雄雌蕊成熟后期

5-b. 子房与花药形成前期　6-b. 子房与花药形成后期　7-b. 雄雌蕊成熟前期　8-b. 雄雌蕊成熟后期

图2-13　油茶各个时期花芽分化外观形态及对应内部解剖结构图

（1）前分化期

4月底至5月上旬左右进入前分化期，即花芽处于将要开始分化和初始分化的前期，时间为5～7天，较短，是一个从量变到质变的过程。该阶段前期芽的生长点稍尖，后期生长点分生组织分裂加快，体积增大，顶端呈半圆球形。芽的外观从外表上花芽与叶芽暂无区别，后期花芽略增宽，长3.0 mm×宽3.0 mm时，花芽略显紫红色，叶芽色绿且顶尖，用肉眼略可区分但不太明显。从石蜡切片可观测到从芽的生长点分化出多个生长锥的现象，存在同时分化出花芽和叶芽的混合芽。混合芽初始外观一般顶端尖，下部较宽胖，较单个的花芽、叶芽大。

（2）萼片形成期

5月上中旬至5月下旬或6月上旬分化，时间为15～20天。前期在生长点周围开始出现花萼原基，接着原基伸长，向内弯曲；后期生长点变得扁平，萼片继续生长并覆盖生长点，同时在生长点上出现花瓣原基。不同分化时期有重叠现象。芽的外观：长3.0～5.5 mm、宽3.0～4.0 mm，前期宽扁略呈方形，可视左右各一苞片包着中心芽尖，苞片尖有黑色小针刺；后期芽略变圆胖，紫色加深，可视苞片2～3片紧包，与叶芽能明显区分。

（3）花瓣形成期

5月下旬至6月上中旬分化，时间为15～20天，在萼片形成后期，花瓣开始分化，为前期，花瓣原基以不同速度向上延伸，顶端较圆，到后期花瓣全部形成。花芽外观：紫红色明显加深，芽体愈发圆胖并增长，可视苞片3～4片紧包，此时花芽与叶芽已可彻底区分。

（4）雄雌蕊形成期

6月上中旬至6月下旬或7月上旬分化，时间为15～20天，在花瓣形成后期，生长点继续变宽并略微内凹，其上出现一些小突起，雌、雄蕊原基开始同时出现，中央3个稍大点的突起为雌蕊，后期形成多层雄蕊围绕着中央的雌蕊。花芽外观：芽生长加快，圆胖并伸长，新增苞片绿色有毛，因此，花芽色泽绿色增加、紫红色减少，苞片4～5片。

（5）子房与花药形成期

6月下旬或7月上旬至7月中下旬分化，时间为15～20天，在雄雌蕊形成后期，雌蕊下部膨大，形成"M"字形的子房，上部伸长合拢形成柱头，同时形成子房室，室内有多个胚珠生于中轴座上，雄蕊进一步伸长，花药形成。花芽外观：芽体增大迅速，先增胖后增长，外观色泽紫色逐渐减少、绿色增加，苞片上出现大量白色长毛，可视苞片5～6片紧包。

（6）雄雌蕊成熟期

7月中下旬至9月中下旬分化，晚花品种至10月中旬左右，时间为35～75天。花柱继续伸长，子房继续膨大呈囊状、3～4室，每室一至多个胚珠，花药已全部形成，形成4囊或由4囊变成2囊，囊内花粉母细胞分裂、小孢子四分体或分离成单个小孢子，花芽形态分化完成，花器各器官日渐发育成熟。此期的后期子房直径 2.3～2.6 mm，心室直径 1.6～1.9 mm，花柱长 3.0 mm 左右或更长。花芽外观：前期增大迅速，伸长明显，后期长度增长减慢，宽度增长加快，日渐变胖，紫色渐消，颜色由嫩绿变成黄绿或棕黄绿色，苞片边缘出现褐色或有裂口，可视苞片 7～9 片紧包，剥开花芽内部雄蕊花药由初期的透明无色至最后的深黄或金黄色，变化顺序为：透明无色、淡乳白色、淡黄色、鹅黄色、黄色加深至深黄或金黄色。

3. 花形态与发育

油茶花以白色为主，还有部分红色、黄色等，花大蜜多，易吸引蜜蜂等传粉昆虫传粉。雌蕊高度（与雄蕊比）分为低、平、高 3 种类型，一般雌蕊高于或平于雄蕊，有利于授粉。《中国植物志》中对油茶的描述为：花顶生，近于无柄，苞片与萼片约 10 片，由外向内逐渐增大，阔卵形，背面有贴紧柔毛或绢毛，花后脱落；花瓣白色，5～7 片，倒卵形，长 2.5～3.0 cm，宽 1～2 cm，有时较短或更长，先端凹入或 2 裂，基部狭窄，近于离生；雄蕊长 1.0～1.5 cm，无毛，花药黄色，背部着生，子房有黄长毛，3～5 室，花柱长约 1 cm，无毛，先端不同程度开裂。何汉杏等（2002）观察的油茶花：花径最大可达 4.7 cm，小的不到 2 cm，花瓣 5～7 瓣，雄蕊数 89～158 枚，雌蕊与雄蕊相对长度有 3 种情况——短、平（同一平面）、高。雌蕊花柱有分裂与不分裂之别，分裂的深浅和数量也有不同，有 2～5 裂，裂的深度不等，花的颜色有白、肉黄、淡绿及花瓣顶端有紫红色斑块等不同。油茶花的形态特征为：一般花柄 0.5～0.7 cm，花萼 6～9 个，花瓣 6～9 个，雄蕊花丝 73～166 个，花丝长 1.0～1.4 cm，雌蕊柱头长 1.1～1.4 cm，柱头 3～5 个开裂。当花粉粒和胚囊发育成熟，鳞片松动，花瓣由包被状转为开展，露出雄蕊和雌蕊，即为开花。油茶花的开放显示出蕾裂、初开、瓣立、瓣倒、柱枯萎 5 个时期。一株油茶树开花时间为 20～30 天。以普通油茶为例，开花的顺序为主枝顶花、侧枝顶花、侧枝腋花。先开的花，坐果率高，果实也大。由于品种不整齐，实生繁殖林油茶开花时间延续 2～2.5 个月，10 月下旬为始花期，11月中旬为盛花期，12月初为终花期，一些种或单株的花期延至翌年2月。浙江红花油茶、腾冲红花油茶等多在冬季至春季开花。

4. 开花规律

油茶花期长，参照果树花期划分标准将油茶花期划分为始花期、盛花期和末花期3个阶段，根据2007—2010年所观察的来自湖南、江西、广西、贵州不同种源种质花期物候发现：油茶不同品种花期历时45～100天，花期的早与迟，花期历程的长与短在不同花期类型种质间差异显著，在相同花期类型种质间较相近或略为相似。我们以始花期出现的早晚为标准把不同花期类型的诸多品种进行统一归类，大致划分为3种类型：早花类型、中花类型、晚花类型，居于三者之间如要细分，像中花类型品种较多，则可再细分为中花偏早和中花偏晚。早、中、晚花3种类型的花期分别在9—11月、10—12月、11月至翌年2月，早、晚花类型的花期相差60天左右，时间跨度大，花期不遇。早、中花类型的种质开花多处于10—11月，它们的花期较集中，在不同年份间的开花物候期相对较稳定，晚花型的品种在11月下旬至来年2月开花，正值冬季寒潮频繁，花苞遇低温、雨雪天气，常推迟或不开，开花不集中，花期拖延较长。湖南油茶良种以霜降籽类型居多，多属中花类型，一般始花期在10月中下旬或11月上中旬。该类型品种较多，分布较广，不同品种间始花期前后相差有20天左右，因此可再细分为中花偏早和中花偏晚。来自湖南种源的湘林系列始花期多数在10月中下旬至11月上中旬，始花期在11月中旬的很少。广西种源岑软系列在湖南的花期最晚，始花期通常在11月中下旬左右，末花期到了第二年的2月。江西种源赣系列始花期比湖南种源湘林系列中的多数品种略早，所观察到的江西10多个赣系列品种中有60%的始花期在10月中下旬，30%的品种始花期在11月上旬，极个别品种始花期在11月中旬。贵州种源的3个品种始花期在10月中下旬。观察得出：湖南、江西、贵州三省种源在花期上基本接近，江西部分良种偏向于寒露籽类型，花期较霜降籽类型要略微早些。中花偏早类型与晚花类型，始花期间隔45天左右，也会存在花期不遇。晚花类型的种质存在开花授粉受精不良的现象。在湖南早、晚花类型种质一般较少，特别是在湖南中东部地区（图2-14）。

图2-14　油茶开花

三、果实及种子

1. 果实及种子的生长发育

当花粉粒落到柱头后，几小时便能萌发长出花粉管，沿着花柱内腔伸入胚珠。油茶的精细胞是在花粉管内形成的，由一个生殖核分裂为两个精子，一个精子与胚囊内前端的卵细胞合并；一个精子与胚囊中央的次级细胞合并，完成受精过程。受精次级细胞与反足细胞经过反复分裂，形成胚乳母细胞，胚乳母细胞继续分裂成为胚乳，供给幼胚营养。在进一步的发育中受精卵形成种胚。

油茶受精卵的分化多在翌年3—5月进行。受精卵首先横裂成两个细胞，靠近珠孔的一个细胞再进行连续分裂，形成胚柄，使其上端一个细胞伸入胚囊中部，然后这两个细胞反复分裂，形成原胚。此时，胚乳细胞迅速分裂，外胚珠向外种皮分化，内胚珠向内种皮分化，子房壁向果皮分化（图2-15）。6—7月，胚乳养分被陆续吸入子叶，因而使子叶体积膨大，内种皮为适应这种变化，亦迅速延展并出现输导组织，通过胚柄输送母体营养，外种皮的细胞壁逐渐石质化，使种皮硬度加强，向固有的种子形态过渡。这时，果皮生长也很迅速，8—9月子叶吸收所有的胚乳，种子内部再无游离胚乳存在，外种皮变为黄褐色，10月外种皮转为黑褐色，子叶脆硬，幼胚具有发芽能力，果实成熟。

2. 果实与种子的生理变化规律

果实和种子发育过程中形态、生理代谢及基因调控变化是植物的重要物种特征。对多种经济林树种、园艺植物、农作物的果实和种子发育

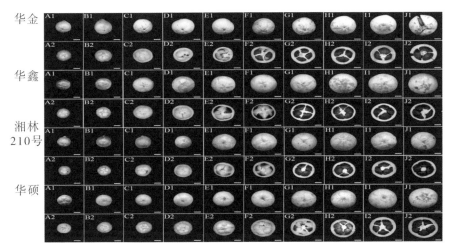

华金
华鑫
湘林
210号
华硕

图 2-15 油茶种子生长发育过程

特征虽然进行了较为广泛的研究，但目前有关油茶果实和种子的成熟过程中形态、生理及遗传变化的研究报道较少。当前对油茶研究普遍关注产量及成熟果实的特性，如油茶成熟果实形状和颜色的分类及油茶成熟果实不饱和脂肪酸、游离氨基酸的分析等。庄瑞林将果实生长粗略地分为幼果形成期、果实生长期和油脂转化积累期，对果实的生长进行了初步的描述。

周国章、周长富、彭邵锋、苏淑钗等对普通油茶种子成熟过程中果实、种子特性及物质转化进行了初步研究。7—8月是油茶果实横向生长的高峰，8月是纵向生长的高峰，8月后，果实大小基本保持不变。果皮厚度5—7月有较小的增厚，此后逐步慢慢变薄。油茶果实体积8月后基本变化不大，果实质量8月后基本不产生变化，果皮含水率则从6月开始就基本不变，此后2个月变化较大的为种子内含物，其中种仁含水率极度下降，而含油率明显上升。因为种子水分增加主要在5—7月，而8—10月为有机物积累及油脂转化期，因此在栽培生产中应及时灌溉。油茶种子成熟过程干物质积累规律见图2-16。

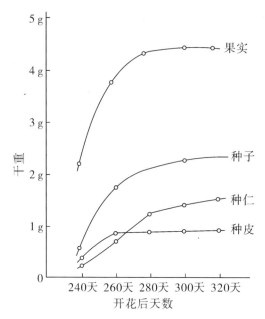

图 2-16　油茶种子成熟过程干物质积累规律

（1）主要经济性状动态变化规律

在果实成熟期内单果重、干仁含油率呈先升高后降低的总体趋势，10月22日，单果重和干仁含油率达到最大值，分别为39.00 g和63.64％，之后开始平缓下降。鲜出籽率呈现先下降后上升的趋势，最低值出现在10月14日，之后逐渐上升，10月29日后又呈现下降趋势（图2-17）。综合这三个关键经济性状指标看，10月22日前后可以确定为最佳采摘日期，此时干仁含油率最高，果实最重，鲜出籽率较高。

（2）主要内含物动态变化规律

研究发现，种仁中淀粉、可溶性糖、蔗糖、还原糖、可溶性蛋白、粗脂肪等主要内含物总量基本保持稳定，且以可溶性蛋白和粗脂肪为主，占63.54％～75.92％；其中可溶性蛋白、蔗糖、还原糖、可溶性糖、淀粉5种组分含量总体均呈逐步下降趋势，而粗脂肪含量逐步上升，表明可溶性蛋白、蔗糖、还原糖、可溶性糖、淀粉等组分是果实产量形成和油脂合成积累的重要物质，在果实成熟过程中，不断向粗脂肪转化。研究还发现，干仁含油率变化趋势与粗脂肪变化规律保持一致，呈极显著

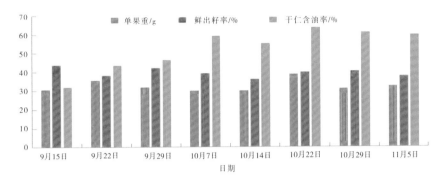

图 2-17 油茶果实成熟期主要经济性状动态变化规律

正相关，相关系数为0.939；与蔗糖、可溶性糖、淀粉和可溶性蛋白的变化趋势相反，干仁含油率与可溶性蛋白、蔗糖、可溶性糖、淀粉呈极显著负相关，相关系数为0.814~0.908（图2-18）。

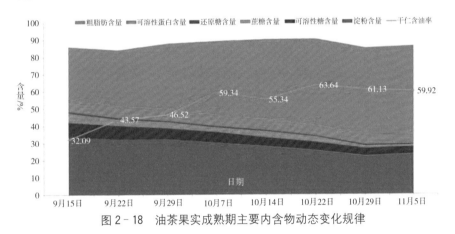

图 2-18 油茶果实成熟期主要内含物动态变化规律

（3）功能成分含量动态变化规律

油茶果实成熟期种仁中角鲨烯、甾醇和维生素E的变化规律均呈"先上升后下降再上升再下降"的规律，其中角鲨烯和甾醇的变化曲线非常接近，均在10月22日达到最高值，之后开始下降，10月29日后直线下降；维生素E在10月7日达最高值，持续至10月29日均保持在较高水平，之后同样直线下降（表2-6）。结合方差分析结果表明，如需保持高角鲨烯和高甾醇含量，10月22日采摘较为合适；如需保持高甾醇和高维生素E含量，适当延迟到10月29日采摘更好。

表 2-6 油茶果实成熟期功能成分含量

日期	角鲨烯/(mg/kg)	甾醇/(mg/kg)	维生素 E/(mg/kg)
9 月 15 日	273.45 f	6.09 d	26.99 f
9 月 22 日	278.92 e	5.77 d	27.98 e
9 月 29 日	405.68 c	9.95 ab	41.34 c
10 月 7 日	402.96 c	9.75 b	46.07 a
10 月 14 日	300.80 d	5.51 d	29.71 d
10 月 22 日	436.90 a	9.96 a	42.95 b
10 月 29 日	425.25 b	9.94 ab	45.83 a
11 月 5 日	297.90 d	6.83 c	29.88 d

注：表中字母表示差异显著度，相同表示差异不显著，排序越远表示差异显著。

（4）内源激素动态变化规律

在油茶果实成熟期，吲哚乙酸（IAA）、玉米素（ZR）、赤霉素（GA_3）、脱落酸（ABA）这四种内源激素含量较低，萘乙酸（NAA）、茉莉酸（JA）、水杨酸（SA）、乙烯前体（ACC）这四种内源激素含量较高。NAA、ZR、赤霉素（GA_3）、SA 这四种内源激素在 9 月 29 日达到最高峰，往后总体波动下降，说明这四种内源激素在果实成熟过程中对果实生长和油脂积累起到了重要作用（表 2-7）；而随着时间的推移，IAA、ABA、JA 这三种内源激素达到高峰，说明这三种内源激素对果实成熟乃至最终脱落起到了重要作用；ACC 在前期保持较高水平，9 月 22 日后直线下降，除 10 月 14 日出现一个小高峰外，后期总体保持 86~98μg/kg，说明 10 月 7 日之后 ACC 一直保持较低含量水平，有利于果实最终成熟和脱落。

表 2-7 油茶果实成熟期内源激素含量

日期	吲哚乙酸 (IAA)/ (μg/kg)	萘乙酸 (NAA)/ (μg/kg)	玉米素 (ZR)/ (ng/kg)	赤霉素 (GA_3)/ (μg/kg)	脱落酸 (ABA)/ (μg/kg)	茉莉酸 (JA)/ (μg/kg)	水杨酸 (SA)/ (μg/kg)	乙烯前体 (ACC)/ (μg/kg)
9 月 15 日	2.433	165.897	74.691	1.77	0.381	15.099	53.752	130.400

续表

日期	吲哚乙酸 (IAA)/ (μg/kg)	萘乙酸 (NAA)/ (μg/kg)	玉米素 (ZR)/ (ng/kg)	赤霉素 (GA₃)/ (μg/kg)	脱落酸 (ABA)/ (μg/kg)	茉莉酸 (JA)/ (μg/kg)	水杨酸 (SA)/ (μg/kg)	乙烯前体 (ACC)/ (μg/kg)
9 月 22 日	2.119	125.979	69.917	2.004	1.005	9.406	56.477	124.075
9 月 29 日	2.834	202.578	105.775	4.250	1.075	15.029	81.832	95.914
10 月 7 日	3.253	124.217	70.087	2.411	1.165	7.637	39.893	92.316
10 月 14 日	2.440	144.708	65.764	1.829	0.539	12.189	55.049	104.123
10 月 22 日	6.059	168.186	97.183	2.210	1.151	15.804	53.363	93.345
10 月 29 日	4.127	154.89	79.75	1.818	0.517	11.907	54.272	86.953
11 月 5 日	3.692	131.233	75.221	2.092	0.707	10.692	53.709	97.814

（5）油茶种子中氨基酸变化规律

油茶种子成熟过程中，组成蛋白质的氨基酸含量有较大的差异，含量最高的为谷氨酸（Glu）、精氨酸（Arg）和亮氨酸（Leu），含量最低的氨基酸为蛋氨酸（Met）、组氨酸（His）和半胱氨酸（Cys）。7—10 月，氨基酸含量一直递增，递增最快的为 9 月，各氨基酸的平均含量为 8 月的 1.96 倍。但不同氨基酸增长速度也不完全一致，增加最快的为 Arg，最慢的为 Met。不同游离氨基酸含量不一样，最高为 Arg，最低为 Cys。总体来说，7—10 月是逐月增加的，但不是所有游离氨基酸含量都随着种子成熟而增加的。

不同时期种子脂肪酸组成存在较大的差异。油酸含量最高，且随着种子成熟，含量迅速增加，到种子成熟时，油酸含量达到 80% 以上；其次为亚油酸，7 月含量较高，但随着种子成熟迅速减少，最后仅占总量的 6.80%；然后是亚麻酸、硬脂酸和棕榈酸，另外，棕榈烯酸和顺-11-二十碳烯酸各时期相对含量都低于 1%。

四、油茶的大小年

我国的油茶群体产量在年度间存在显著差异，有明显的大小年现象。关于产生大小年的原因，一直以来都是油茶研究的一个难题。研究大小年的成因，有助于我们寻找缩小大小年结果差距的方法，避免因大小年带来的经济损失。早在20世纪90年代，就有很多学者在理论上将产生油茶大小年的原因归结于生态环境、营养、激素、基因遗传等，但是关于形成的本质原因却还没有一个统一的说法。在过去，普遍认为由于油茶在大年时大量结实，使得油茶树体消耗了大量的养分，使得第二年养分不够，才产生了小年。但从宋同清、徐光余等学者的研究和主产区湖南的实践来看，管理居首要地位，其次是气候。给油茶林提供良好生长条件和营养物质，也就是科学的管理带来的是大年，应给油茶多施肥，以缓解春梢与幼果，果实与花芽、叶芽相互争夺养分；适当修枝，保证养料的均衡供应，减少落花落果现象（图2-19）。

大年挂果累累，花苞很少　　　　　　小年只有花苞和少量果实

图2-19　油茶挂果大小年

同时，气候也可导致大小年。如果盛花期的雨天占30％左右时，大多的油茶花可以进行正常授粉结实，促使产量较好，产生大年；如果盛花期雨天占一半时，对油茶花授粉结实不利，会使得产量降低，处于平年；如果雨天超过70％时，油茶花就很难授粉结实，使得产量极低，产生小年。可以利用天气预报，在天晴之时对油茶喷施生长激素，保证油茶在晴天时顺利授粉，以提高结果率。选取能够错开雨季开花的优良油茶品种，也可以提高坐果率，实现高产。

第五节　油茶繁育技术

油茶繁殖方式包括实生繁殖、扦插繁殖、组织培养、嫁接繁殖等，其中，芽苗砧嫁接是目前油茶苗木繁殖最成熟的育苗方法。嫁接繁殖是将一个植株的芽或短枝，嫁接在另一植株上，使两者愈合、生长在一起并发育成新植株的方法，承接接穗的部分称为砧木。利用嫁接繁殖方法繁殖出来的苗称为嫁接苗。植物之所以能嫁接成活，主要是因为接穗与砧木的形成层细胞具有很强的分生能力，产生愈伤组织，待嫁接的伤口愈合好，并分化产生新的输导组织及其他组织，使之愈合成为一个统一的有机体。嫁接苗的特点是砧木吸收的养分和水分输送给接穗，接穗又把同化后的物质输送给砧木，两者形成了共生关系。

嫁接繁殖的优点：一是保持原品种优良性状；二是提前开花挂果，由于接穗嫁接时已处于成熟阶段，砧木根系强大，能提供充足的营养，使其生长旺盛，有助于养分积累；三是成苗快，由于砧木比较容易获得，而接穗只用一小段枝条或一个芽，因而繁殖期短，可大量出苗；四是可以克服某些植物不易繁殖的特点，对于扦插不易成活或者播种繁殖不能保持优良特性的植物均可采用嫁接繁殖。

一、芽苗砧嫁接技术

芽苗砧嫁接技术是采用油茶大粒种子经过沙藏促芽处理，待种子发芽但尚未展叶的幼芽作砧木，以当年生优树和优良无性系枝条作接穗的一种劈接法。芽苗砧嫁接的优点是可以大大缩短培育嫁接苗的时间，实现室内操作，提高工作效率，是目前培育油茶良种嫁接苗普遍采用的方法之一。嫁接时间需根据穗条成熟时间与芽砧生长情况而定。芽砧可通过种子贮藏和催芽调控，关键是穗条原则上依据新梢抽发和生长季节变化。油茶春梢作接穗是应用最广的，所以中亚热带油茶核心产区通常在 5 月上旬进行接穗，当然，也有因品种或特殊气候提前或推后的；油茶当年生春梢半木质化、砧木苗的胚茎长度超过 5 cm 时，就适宜进行嫁接。

操作方法和步骤如下：

1. 砧木催芽（图2-20）

（1）砧木种子的选择与贮藏

油茶果收摘后在通风处堆放3～4天，然后脱壳，筛选大粒饱满的种子在阴凉处风干，用清洁稍干的河沙与种子在室内分层储藏（沙子与种子体积之比为1.5：1）。

（2）沙床促芽

在2月底或3月上旬，把沙藏的种子筛出来，播在沙床上。沙床必须选在排水良好的平坦地面，沙床用沙为新鲜河沙，在地面上先垫一层10～15 cm厚的清洁湿河沙，把种子均匀撒播在上面，种子尽量避免重叠，再盖上10 cm厚的湿河沙，用清水喷透沙床，然后盖上薄膜或稻草，沙床要保持湿润，如发现湿度不够，应及时喷水，到5月中旬即可进行嫁接。

图2-20 油茶芽苗砧嫁接催芽

2. 圃地准备

（1）圃地选择

如果嫁接后直接定植在容器杯中，对圃地选择要求不严，便于排灌的平整地面即可。如果是"两步法"育苗，先培育地栽裸根苗再定植到容器杯时，宜选择向阳、排灌方便、土壤肥沃疏松，pH值4.0～6.5的黄壤、红壤地，也可选用酸性缓坡林地、旱地或排水良好的水田等。高湿、排水不良、黏重板结或干燥的沙土、碱性土不宜作苗圃。

（2）整床

对选用的圃地，要清除杂草、石块，平整土地。周围挖排水沟，做到内水不积，外水不淹，在场地上划分苗床与步道，床面高出步道 10 cm 左右，苗床宽 1～1.2 m 为宜，床长依地形而定，一般不超过 15 m，步道宽 40 cm。育苗床也应在先年的冬天挖翻，在当年 4 月底施足基肥整好地后即开始作床，床面覆盖一层 4 cm 厚的黄心土。

（3）架好阴棚

栽植油茶嫁接苗的圃地必须设有阴棚，阴棚高 2 m，遮阴度在 70%～80%。

（4）设置薄膜拱罩

在栽植芽砧苗并喷透水后，立即架设竹弓盖薄膜成拱棚，拱棚的四周要封闭严密。

3. 嫁接和栽植

（1）嫁接材料准备

嫁接前先准备好包扎用的铝皮，可剪成长 1.5～2.0 cm、宽 0.6～0.8 cm 的小片，也可卷成筷子粗的筒状，有些育苗户也采用薄膜带或革命草草茎作捆扎材料，这种草茎可于嫁接成活后自然干缩脱落，不污染圃地。其次是准备好嫁接用的单面刀片、毛巾、盆、木板等用具。

（2）接穗的采运和保存

穗条应选择通过鉴定的优良无性系的当年生粗壮、腋芽饱满、无病害的半木质化新梢，随采随接为最好（图 2 - 21）。如果是长途运输，要注意保湿，应将采下的穗条整齐地捆扎好，在下端包上浸饱水的脱脂棉，装入纸箱内，以免挤压。在运输过程中要做到保湿，对一时接不完的穗条，可插放在阴凉处的沙床上，注意经常喷水，3～5 d 嫁接为宜。

图2-21 油茶芽苗砧嫁接穗采集

（3）嫁接（图2-22、图2-23）

到4月下旬以后，当年生的春梢已停止生长，芽砧苗已长好，便可进行嫁接。操作程序如下：

1）起砧：砧木苗的胚茎长度超过5 cm时可以用于嫁接。在催芽的沙床内，用手轻轻挖起砧苗，从沙床内砧木苗的胚根部分起挖。起砧时注意不碰掉砧苗上的种子和不碰断根部。起砧后用清水将砧苗上的沙子冲洗干净，洗净沙子后及时捞起砧苗，放在通气的容器内，保湿待用。

2）削穗：选用接枝上饱满的腋芽和顶芽，在腋芽两侧的下部0.5 cm处下刀，削成两个斜面（呈楔形），削面长0.8～1.0 cm，再在芽尖上部0.1～0.2 cm处切断，接穗上的叶片可以全部保留，也可以削掉一半，即成1叶1芽的接穗，削好的接穗注意保湿。

3）削砧：在砧苗籽柄上2.0～3.0 cm处切断，对准中轴切1.0～1.2 cm深的切口，砧苗根部保留5 cm左右，将多余的部分切除。

4）插穗和包扎：把准备好的铝箔圈按粗细相当的卷筒套在削好的芽砧上，将接穗插入砧木的切口内，把铝箔圈提到接口处轻轻捏紧即可，将接好的苗木放在阴凉处以备栽植，并用湿布盖好，避免日光照射。

5）栽植：将接好的苗木栽植到苗床内，当天嫁接当天栽完，若采用圃地栽植，株行距一般为3 cm×15 cm；若使用容器栽植，则1个容器1株嫁接苗。栽植时，先用竹片在苗床上开1个小穴，穴的直径为2～3 cm，深度为5～6 cm，然后将嫁接苗的胚根插入穴中，种子最好埋入穴中，栽植深度是以苗砧上的种子刚埋入土内为宜，然后将土压紧，用喷壶浇透水定根，为防止病菌侵染，淋水后喷洒1次杀菌剂，然后在竹弓架上盖上薄膜，四周用土压紧密封，罩内保持湿度在80%～90%。

4. 嫁接后苗圃管理

嫁接后的苗期管理主要包括：除萌、除草、除杂、喷水与追肥、揭除薄膜罩、拆除阴棚和病虫害防治等。具体操作可参考容器杯嫁接苗管理。

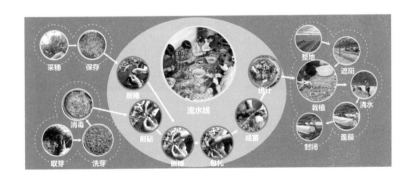

图2-22 油茶芽苗砧嫁接育苗流程图

整地

起砧

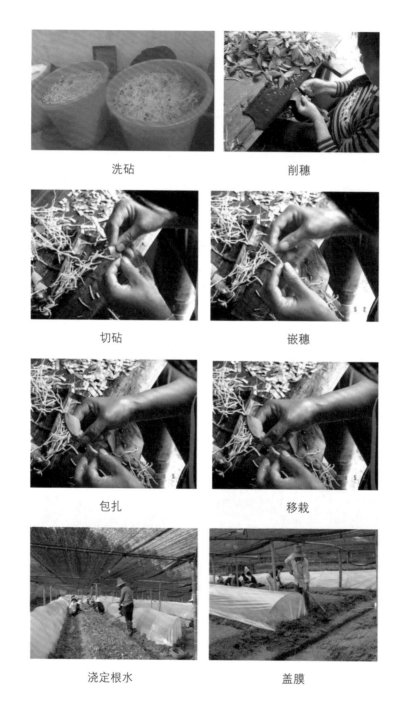

洗砧　　　　　　　　　削穗

切砧　　　　　　　　　嵌穗

包扎　　　　　　　　　移栽

浇定根水　　　　　　　盖膜

图 2‑23　芽苗砧嫁接规模化育苗技术

二、油茶容器育苗

容器育苗是指用特定容器培育幼苗的育苗方式。容器育苗是目前应用广泛的苗木生产技术，主要采用容器装入配制好的基质或营养土进行育苗，与裸根苗相比，具有育苗周期短、苗木规格和质量容易控制、苗木出圃率高、起苗运苗过程中根系不易受损、苗木失水少、造林成活率高、造林季节长、无缓苗期、便于育苗造林机械化等优点。

用于容器育苗的容器很多，油茶育苗容器大多采用塑料容器和无纺布容器，因塑料容器不能被微生物分解，造林时必须把容器袋取掉。装基质前将基质湿润，装填时将基质填实，以平容器口为宜。

育苗基质是培育容器苗的关键，基质的合适与否，直接关系容器苗生产的成败。按照基质的材质，可以分为三种：一是以各种营养土为材料，质地紧密的重型基质；二是以各种有机质为原料，质地疏松的轻型基质；三是以营养土和各种有机质按一定比例配制的半轻基质。

轻基质网袋容器育苗技术是一项新兴育苗技术，轻基质网袋容器育苗具有基质透气、透水、透根性能好，可进行空气修根以及容器重量小、苗木运输便利等优点。油茶轻基质网袋容器育苗就是以轻基质网袋容器为苗木载体，进行设施苗木生产（图2-24）。

图2-24　油茶分品种培育容器杯苗

油茶容器育苗技术步骤如下：

1. 营养基质配制

基质来源广、重量轻、成本较低；保湿、保肥、疏松、透气性好，具有一定的肥力；不带病原菌、虫卵、抗生素、重金属、杂草种子、石块等杂物。油茶容器杯育苗常用基质材料包括泥炭等腐殖质、果皮、谷壳、农林剩余物等有机质材料、黄心土和蛭石或珍珠岩等轻便体物质等，通过粉碎后按一定比例配比、充分发酵腐熟。常用比例包括：

1）黄心土20%～40%，珍珠岩10%～30%，泥炭30%～50%，蛭石15%～25%。

2）泥炭40%～60%，椰糠15%～25%，黄心土15%～25%。

3）泥炭30%～50%，腐熟树皮10%～20%，珍珠岩10%～20%，黄心土10%～20%。

4）泥炭40%～50%，蛭石15%～25%，锯末10%～20%，腐殖质土5%～15%。

5）泥炭60%，蛭石30%，珍珠岩10%，缓释肥1～2 kg/m³，等等。

营养土pH值5.0～6.5，配制好后要进行灭菌消毒。

2. 油茶容器杯规格的选择

油茶容器杯规格是确保苗木生长过程中有充足的基质和养分供应，需根据基质养分和培育苗龄不同而变化，通常苗龄越长，容器杯规格越高，能填充的基质越多。油茶培育期的直径和高度见表2-8。

表2-8 油茶培育期的直径和高度

培育期	直径×高
2年生	（8～12）cm×（12～16）cm
3年生	（15～20）cm×（18～22）cm

3. 容器装土和置床

营养土装入容器中时要边填边振实，装土不宜过满，然后将盛土的容器整齐地摆放于整平的苗床上，直立紧靠，四周培土以防容器倒斜。

4. 播种或植苗

播种育苗时，将经过精选、消毒和催芽的种子播入容器中，每一个容器播1粒。播种后用黄心土覆盖，厚度2～3 cm，并浇透水，搭拱棚覆盖塑料薄膜保湿，并盖遮阳网遮阴。

培育嫁接苗时，将嫁接好的芽苗砧苗植入容器中培养。

5. 苗期管理

（1）播种容器苗苗期管理

1）浇水：在出苗期和幼苗期要勤浇水，保持营养土湿润；在幼苗长大一些后，减少浇水次数，加大每次的浇水量，以浇透为主。

2）除草：做到"除早、除小、除了"。

3）追肥：幼苗期追肥，以氮肥和磷肥为主，勤施薄施，每隔2～4周1次，浓度不超过0.3%；速生期以氮肥为主，每隔4～6周1次，浓度可适当高一些，追肥后及时浇水。苗木硬化期停止追肥，以利于苗木在入冬前充分木质化。

（2）嫁接容器苗苗期管理

1）除萌：嫁接苗在生长过程中会不断产生萌蘖，与接穗争夺养分，直接影响接穗的成活和生长，所以要及时剪除，随时发现，随时剪除。除萌时应将萌条从基部剪断。

2）除草和除杂：在高温高湿的条件下，杂草生长很快，应及时拔掉杂草和未嫁接成活的砧木苗。除草和除萌可以结合进行。

3）喷水与追肥：嫁接苗床既不能积水也不能缺水，如缺水应及时喷灌，不能漫灌，每揭开一次薄膜都要喷一次水。当嫁接苗长到3.0～5.0 cm时，追施0.2%的氮素，追肥可结合喷灌进行。

4）揭除薄膜罩和拆除荫棚：到9月份，可将薄膜罩两头揭开，过2～3天再将薄膜全部揭除，9月中旬后把荫棚拆除。第二年加强肥水管理和病虫害防治（图2-25）。

5）病虫害防治：嫁接苗定植浇透水后，以800倍甲基托布津喷雾，预防病害；除萌开始后，以甲基托布津、多菌灵、代森锰锌等防治为主，每月2次。地老虎防治以克百威为主，每月1次；其他虫害防治以吡虫林等低毒性药物为主，每月2次。

三、采穗圃营建与管理

无性繁殖是油茶良种繁殖的主要方法，它可以保持母本的优良性状。进行无性繁殖必须有足够数量的优质穗条，这些穗条无法直接从数量有限、分散的优树上得到满足，只有通过建设采穗圃获取。优树是指在自

图2-25 油茶容器育苗

然林中通过调查、筛选、确认经济性状优良植株。采穗圃是提供优质良种无性繁殖材料的圃地。油茶采穗圃先采用优树进行筛选，然后再进行无性繁殖测定后就可以建立，以便能及时、方便地提供穗条进行生产。

油茶采穗圃可按对建圃无性系遗传改良的水平分类，其一是普通采穗圃，是选择优树后为尽快满足生产所需穗条而营建的采穗圃，因为表型优良但尚未通过遗传鉴定，也称为优树采集圃；其二是高级采穗圃，是采用通过鉴定的良种和主推品种或再选择的优良遗传型或优良品种而建立的采穗圃，也称为改良采穗圃。后者的改良水平及遗传品质高于前者。

采穗圃的特点：①能长期提供高品质穗条；②穗条粗壮，能提高嫁接成活率；③经营管理方便，病虫害少，易防治；④可以保护优树资源，穗条的遗传品质保持不变；⑤停止采穗后仍可作为丰产林培育。

1. 大树换冠营建采穗圃

常用的油茶高接换冠方法有两种：一种是由湖南省林业科学研究所王德斌等人研究和创新的"油茶撕皮嵌接法"，该方法在湖南、广东、福建、贵州等地应用广泛；一种是由江西省林业科学研究所邱金兴等和中国林科院亚热带林业研究所庄瑞林等研究人员提出的"改良拉皮切法"，该方法在江西、广西等地应用广泛。这两种方法均具有方法简便，成活率高，实用性强的优点。嫁接时间一般在5—8月，这时树液流动，能剥开树皮，有利于嫁接，且成活率高。

（1）油茶撕皮嵌接法

油茶撕皮嵌接法是一种先嫁接活再断砧的技术，易于操作和恢复树势（图 2 - 26）。

1）砧木的接前管理

选择生长旺盛的幼林、壮龄林植株。每株选择 2～4 个分枝角度适当、干直光滑、无病虫害、生长健壮的主枝。

嫁接前剪除病虫枝、枯枝、弱枝、过密枝等；在 3 月份以前对林地进行挖垦一次，有条件的结合垦复追施氮肥一次，促使砧木生长旺盛。

2）接穗的采运和保存

穗条应选择通过鉴定的优良无性系的当年生粗壮、腋芽饱满无病害的半木质化新梢，随采随接为好。如果要长途运输，应将采下的穗条整齐地捆扎好，在下端包上浸饱水的脱脂棉，装入纸箱内，以免挤压。在运输过程中要做到保湿，对一时接不完的穗条，可插放在阴凉处的沙床上，注意经常喷水，尽快使用。

3）嫁接

①削砧：选好待嫁接的大树，在砧木的嫁接部位，先用布擦干净灰尘，然后用嫁接刀平行垂直划两刀，深达本质部，长度与接穗相同，宽与接穗粗细相当，在上部横切一刀，剖成"Ⅱ"形，深度以达到木质部为宜，自上向下撕开皮部。

②削穗：选取枝条中部或上部饱满的芽，将穗条削成长 2.5 cm 左右，芽两端呈马耳形的短穗，去掉 1/2 的叶片，然后在接合面（芽的背面）自一端撕去皮部，宽为接穗粗的 1/4 左右，也可以用嫁接刀平削，削面要求平整、光滑，削下的皮层不带或稍带木质，削面恰好到形成层，削的深度一般为枝条粗的 1/3 左右。

③嵌穗：将削好的接穗嵌入撕开皮部的砧木槽内，再把撕开的砧木皮部覆盖在接穗的上面，对准形成层。

④包扎：嵌穗后，立即用塑料绑带进行包扎，包扎时注意在不伤接芽的前提下尽量包扎紧。

⑤加罩：为了保湿，包扎后在接穗部位加绑一个塑料罩，塑料罩在接芽的方位呈灯笼状，严禁塑料罩贴靠在接穗的叶片上，绑罩要严密。加罩的作用是防止太阳直接照射，减少水分蒸发，保持湿润，为接穗愈合生长创造良好条件。

4）接后管理

①剪砧：可分作两次进行。第一次剪砧在接后 40 天左右，接穗与砧木愈合、接芽膨大或已开始抽梢时进行，剪口距接穗 30 cm 以上，在剪口下方尽量保留 1~2 个小枝；第二次剪砧在翌年春，接芽萌动前进行，一般剪口距接穗枝 3~5 cm，视砧桩粗细而定，粗砧桩应留长些，细砧桩可以短一些，砧桩较粗的、直径在 3 cm 以上的，在剪口处仍应保留 1~2 个小枝，然后涂上接蜡保护桩口。

②解罩与解绑：在第一次剪砧后 10 天左右即可解罩。解罩最好选在阴天进行，或在晴天的早晚进行。剪砧和解罩后，即在 9—10 月份，将绑带解除，对还没有抽梢的接芽，可在翌年春进行解绑。

③除萌与扶绑：剪砧后，及时除掉砧木上长出的萌芽条，除萌是一件经常性的工作，一直到两年后砧木不再出现萌芽枝为止。大树砧嫁接，接枝生长很快，对这些徒长枝应及时扶绑在砧桩上，避免风折。

④虫害防治和林地管理：嫁接后，接枝生长幼嫩，易受金花虫、金龟子和象甲等危害，应及时进行药物防治。注意加强林地土壤肥水管理，进行垦复、除草和追肥等工作，满足树体养分的需求。

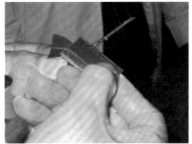

削砧　　　　　　　　　　　削穗

绑扎　　　　　　　　　　　加罩

图2-26　油茶撕皮嵌接技术

（2）改良拉皮切接（图2-27）

该法是在切接法基础上进行改进，嫁接后枝条长势旺盛，除萌工作量少，但技术难度较高、对砧木要求也高，技术要点如下：

1）砧木选择

选择生长旺盛的幼林、壮龄林植株。每株选择2～4个分枝角度适当、干直光滑、无病虫害、生长健壮的主枝。

2）穗条采集

穗条应在无性系采穗圃中选择。剪取树冠中上部外围、发育充实、健壮、腋芽饱满的当年生枝。采集穗条以早晨为宜，采集后，穗条放入清水中浸湿，甩干水后，挂上标签装入塑料袋中密封保湿。穗条一般随采随用，若要运输，应放到阴凉的地方，不要挤压穗条，运达目的地要立即摊放在阴湿的地方。若要储藏，需每天取出透气，放入冷清水中浸泡降温3～5分钟，甩干水后再密封保鲜。

断砧 　　　　　　　　　　 削砧

切砧拉皮 　　　　　　　　　绑扎

套袋 　　　　　　　　　　　遮阴

图 2-27　改良拉皮切接技术

3）嫁接时期

改良拉皮切接以夏季和秋季嫁接为宜，夏接于 5 月中旬至 7 月上旬进行，秋接于 9—10 月进行。

4）技术要领

①断砧：把选好的砧木在离地面 40～80 cm 处锯断，修平断面。断砧时注意防止砧木皮层撕裂，每株留 2～3 个主枝作营养枝和遮阴用，其余全部清除。

②削砧：用嫁接刀削平锯口，削面里高外低略有斜度。

③切砧拉皮：按接穗大小和长短，用单面刀片在砧木断口边缘往下平行切两刀，深达木质部，然后将皮挑起拉开。每个砧木断面可开多个接口，嫁接多个接穗。

④削穗：用单面刀片在穗条叶芽反面从芽基稍下方，平直往下斜拉一切面，长 2 cm 左右，切面稍见木质部，基部可见髓心，在叶芽正下方斜切一短接口，切成 20°～30° 的斜面，呈马耳形，在芽尖上方平切一刀，即成一芽一叶的接穗。叶片小的留一叶，叶片大的留 1/2，接穗切好后放入清水中待用。

⑤嵌穗：接穗长切面朝内，对准形成层，紧靠一边插入拉皮槽内，接穗切面稍高出砧木断口（称露白），然后将砧木挑起的皮覆盖在接穗的短切面上。一个砧木可接 1～3 个接穗。

⑥绑扎：用拉力较强、2～2.5 cm 宽的薄膜带自下而上绑扎接口，注意防止接穗移动。

⑦保湿遮阴：绑扎接穗后，随即罩上塑料袋密封保湿，在加罩薄膜前先绑扎两条直立的小木棒用以支撑薄膜，然后套上塑料袋，下端将袋口扎紧。另外用牛皮纸按东西方向扎在塑料袋外层遮阴。

⑧接后管理：嫁接后用毒笔在遮阴纸下方绕砧木画一圈，防止蚂蚁侵害。接后 30 天愈合抽梢，40 天左右在傍晚除去保湿袋，但还需遮阴。当新梢长至 6 cm 时可解绑。要适量施肥，每株施尿素、磷酸二氢钾各 100 g，防止人畜危害。

2. 新造林营建采穗圃

以主推良种苗木，采用新造的方式营造的采穗圃。要画好定植图，注明每个品种所在的位置和数量，最好挂上标牌方便采穗和识别（图 2-28）。

图 2-28　油茶采穗圃（湖南醴陵）

油茶良种苗木新造林采穗圃的营建方法：

（1）造林地选择

根据油茶的适生性，以选择地势平缓，土层深厚，排水良好，土壤肥沃、疏松，pH 值为 4.0～6.5 的砂质红壤、黄壤、黄红壤为宜。要求土层厚度在 1 m 以上，地下水位在地面 1 m 以下，海拔 100～500 m，山地造林以坡度小于 15°的缓坡中下部为宜。同时要注意交通便利。

（2）种苗选择

必须选择通过国家或省级良种审定的油茶主推良种。目前生产上主要采用的有：湖南省林业科学院选育的"湘林"系列、中南林业科技大学选育的"华"系列、江西省林业科学院选育的"赣无"系列、中国林业科学院亚热带林业研究所和中国林业科学院亚热带林业实验中心选育的"长林"系列，广西区林业科学研究院选育的"岑软"系列等。选择壮苗：采用芽苗砧嫁接 2～3 年生容器苗。

（3）整地方式

油茶整地方式有全垦、带状和块状整地三种。全垦整地适用于坡度小于 10°，不易造成水土流失的缓坡；带状整地适用于坡度在 10°～25°的山地，沿等高线整地，以利水土保持；块状整地适用于坡度较陡，坡块破碎，四旁树木可继续利用的山地。

整地工作应在造林前 3～4 个月进行，素有"秋季整地，冬季造林；冬季整地，来春造林；夏伏整地，秋季造林"的说法。根据林地坡度的缓陡进行全垦或带状整地，撩 60 cm×60 cm 宽深的壕沟或挖 60 cm×

60 cm×60 cm 的大穴，施基肥 10 kg/株，与回填表土充分拌匀，然后填满后栽植。

（4）种植密度

栽植密度依据油茶生物学特性、坡度、土壤肥力和栽培管理水平等情况而定，做到合理密植。栽植密度比丰产林要大一些，株距 2～3 m，行距 3～4 m。定植时，可按品种或无性系成行或成块排列，同一种材料为一个小区。

（5）造林季节

油茶造林在冬季 11 月下旬到次年 3 月上旬均可，以春季较好，在"立春"至"惊蛰"之间，芽将萌动之前造林最为适宜，宜选在阴天或晴天傍晚进行，雨天土太湿时不宜进行。

（6）种植方法

使嫁接口与地面平，浇透水以使根系与土壤紧密结合，做到根舒、苗正、土实。

3. 采穗圃的培育管理

（1）施肥

进入采穗期后，施肥的目的是补充采摘穗条的营养损失，提高抽梢率。为了防止土壤肥力减退，每年冬季适当增施油茶专用有机肥，每株 5～10 kg；春季施油茶专用复合肥，每株 0.5～1 kg。

（2）整形修枝

修剪的时间，一般在 11 月至次年 2 月间。该段时间春梢尚未萌发，对油茶生长影响不大；同时，此时气温低，湿度小，病菌活动力弱。整形修枝的重点主要是修剪不必要的徒长枝、脚枝、寄生枝、枯枝、萌蘖枝等，保持林内通风透光，促进其正常生长。

（3）中耕除草

每年夏、秋季各抚育 1 次，主要是松土除草；第二年的春、夏季再进行铲草松土，松土深度为 10～15 cm，不宜过深；到第四年后每年秋、冬季复垦 1 次，深 20～25 cm。

（4）抑花促梢

抹去花芽以促进枝梢生长，保持树势生长旺盛，促进穗条高产健壮。抹芽时要注意，花芽在叶芽基部呈桃形，生长粗壮；叶芽比较细长，顶尖，要加以识别。

4. 采穗圃的复壮

采穗母树随着年龄的增长，可能产生过熟或老化现象，使得穗条萌发能力减弱，穗条产量降低，生产穗条质量下降，影响嫁接和扦插成活率，所以，通常采用一些技术措施诱导老树复壮返幼及阻滞幼龄个体老化。

油茶采穗圃最常用的方法是回缩复壮，即利用壮龄油茶树具有萌生不定芽的能力，通过断干的方式促使油茶树从树干基部萌生不定芽，重新形成新的树冠（图2-29）。

采穗圃复壮1年后　　　　采穗圃复壮3年后　　　　　复壮采穗圃

图2-29　复壮采穗圃

5. 采穗圃经营管理

（1）采穗圃基本情况

主要有采穗圃名称、建设地点、面积、建设年份、投产年份、嫁接无性系来源、建圃方式、穗条产量等。

（2）无性系定植图

定植图可以直观地反映采穗圃油茶无性系分布的位置状况，是重要的归档资料。

（3）穗条生产情况

主要有生产单位、无性系名称、无性系来源、穗条生产地立地条件、周围环境、穗条剪取时间、穗条数量、穗条包装保存方法。

（4）穗条流向

调出穗条无性系名称、穗条调出时间、数量、单价、销售协议、购入单位名称（个人姓名）、地址、联系方式、林木种子（苗）生产许可证编号。

6. 湖南省油茶采穗圃

采穗圃是为生产提供大量优质良种穗条的繁殖基地，在完成穗条生产任务后，同样是油茶生产中一种良种丰产林。我国在20世纪70年代中期以来，已建立各种性能的采穗圃2000余亩，在油茶科研和良种生产中起到了很大的作用。2008年以后，我国各油茶产区相继建立优良品种采穗圃，为良种苗木生产提供持续支持。按照《全国油茶产业发展规划（2009—2020）》，2009—2011年3年期间，全国改扩建或新建良种采穗圃77个，其中改扩建28个，新建49个，形成良种采穗圃总面积12630亩。截至2020年，湖南省共有定点采穗圃28个，分布于14个市州，每年可生产良种穗条10433万条，可以满足湖南省育苗需求（表2-9）。

表2-9 湖南省各地州市油茶采穗圃规模（2020年）

序号	市州	个数/个	面积/亩	生产能力/万条
合计	湖南省	28	3037	10433
1	长沙市	2	130	380
2	株洲市	5	405	855
3	湘潭市	0	0	0
4	衡阳市	4	408	2000
5	邵阳市	4	736	1610
6	岳阳市	2	146	1600
7	常德市	2	185	358

序号	市州	个数/个	面积/亩	生产能力/万条
8	张家界市	0	0	0
9	益阳市	1	100	60
10	郴州市	1	150	80
11	永州市	2	558	2730
12	怀化市	4	156	690
13	娄底市	0	0	0
14	湘西自治州	1	63	70

第三章 油茶主推良种

第一节 油茶良种选育概况

油茶科研工作始于 20 世纪 60 年代，经过国家"六五""七五""十一五""十三五"科技计划，行业公益性科研专项及各省级科技项目的持续实施，在良种选育、丰产栽培、加工利用和质量控制等方面均取得显著成效。建设了国家油茶工程技术研究中心、国家油茶科学中心、国家林业和草原局油茶研究开发中心、中国油茶科创谷和国家油茶种质资源库等研发平台，国家林业和草原局油茶生物产业基地、油茶产业科技示范园、油茶标准化示范区等集成示范基地；获得国家级科技成果奖励 4 个，部省级一等奖励 4 个、二等奖励 40 多个；发明专利 150 多个，制订国家、行业和地方标准 88 个，通过科技创新给油茶产业发展注入强劲动力。目前已审定油茶良种 375 个，其中国家审（认）定良种 73 个；这些良种分别在湖南、江西等产区推广应用 3000 万亩，展示了巨大的增产潜力（图 3-1）。

图 3-1 国家油茶工程技术研究中心核心育种基地

随着良种的持续应用实践，也发现了一些良种在丰产稳定性、区域适应性、造林配置和抗逆性等方面出现差异，因此提出了对现有良种的筛选和优化。2017年，国家林业和草原局关于印发《全国油茶主推品种目录》的通知中，在15个省（区、市）推出共160个主推品种，包括8个省跨区域引种品种18个（表3-1），除去重复共有品种121个。

表3-1　全国各产区主推品种

| 序号 | 省（区、市） | 主推品种 | | 合计/个 |
		自选品种	区外引进品种	
1	浙江	浙林2号、浙林5号、浙林6号、浙林8号、浙林1号、浙林10号等	长林40号、长林53号、长林18号、长林3号、长林4号、长林23号等	12
2	安徽	黄山1号、黄山2号、黄山6号，大别山1号	长林4号、长林18号、长林40号、长林53号等	8
3	福建	油茶闽43号、油茶闽48号、油茶闽60号、油茶闽20号、油茶闽79号等，龙仙1号、龙仙2号、龙仙3号等	—	8
4	江西	长林3号、长林4号、长林18号、长林40号、长林53号、赣无1号、赣无2号、赣无12号、赣8号、赣70号、赣兴48号、赣抚20号，赣石84-8号、赣石83-4号、赣石84-3号，GLS赣州油1号、GLS赣州油2号、GLS赣州油4号、GLS赣州油5号、GLS赣州油6号、GLS赣州油8号、GLS赣州油9号、GLS赣州油10号，赣州油1号、赣州油7号等	—	25

续表 1

序号	省（区、市）	主推品种		合计/个
		自选品种	区外引进品种	
5	河南	—	长林 4 号、长林 3 号、长林 23 号、长林 27 号、长林 18 号、长林 40 号、长林 53 号等	7
6	湖北	鄂林油茶 120 号、鄂林油茶 151 号，阳新米茶 202 号、阳新米茶 208 号，鄂油 465 号、谷城大红果 8 号等	长林 3 号、长林 4 号、长林 40 号，湘林 1 号、湘林 XLC15 号等	11
7	湖南	华硕、华金、华鑫，湘林 1 号、湘林 27 号、湘林 63 号、湘林 67 号、湘林 78 号、湘林 97 号、湘林 210 号、湘林 117 号、湘林 124 号，衡东大桃 2 号、常德铁城一号等	—	14
8	广东	粤韶 75 - 2 号、粤韶 77 - 1 号、粤韶 74 - 1 号、粤连 74 - 4 号、粤连 74 - 5 号、璠龙 1 号、璠龙 2 号、璠龙 3 号、璠龙 5 号等	岑软 2 号、岑软 3 号、湘林 1 号、湘林 XLC15 号，长林 40 号、赣州油 1 号、赣兴 48 号等	16
9	广西	岑软 2 号、岑软 3 号、岑软 24 号、岑软 11 号、岑软 22 号，岑软 3 - 62 号、岑软 ZJ24 号、岑软 ZJ11 号、岑软 ZJ14 号等	—	9
10	海南	琼东 2 号、琼东 8 号、琼东 9 号，海油 1 号、海油 2 号、海油 3 号、海油 4 号油茶，海大油茶 1、2 号等	—	9
11	重庆	渝林油 1 号	湘林 210 号，长林 3 号、长林 4 号、长林 53 号等	5

序号	省（区、市）	主推品种		
		自选品种	区外引进品种	合计/个
12	四川	川林 01 号，达林-1 号、江安-24 号、江安 54 号，翠屏-7 号、川荣-153 号、川荣 156 号，川富-53 号	—	8
13	贵州	黔玉 1 号，黔碧 1 号、黎平 2 号、黎平 3 号，黔油 1 号、黔油 2 号、黔油 3 号、黔油 4 号、望油 1 号等	湘林 27 号、湘林 97 号、湘林 210 号、长林 3 号、长林 4 号、长林 40 号等	15
14	云南	云油茶 3 号、云油茶 4 号、云油茶 9 号、云油茶 13 号、云油茶 14 号，腾冲 1 号等	—	6
15	陕西	汉油 7 号、汉油 10 号等	长林 4 号、长林 18 号、长林 40 号，亚林所 185 号、亚林所 228 号等	7
合计/个		116	44	160

2022 年 9 月，国家林业和草原局在现有良种的基础上进行进一步的优化，公布 87 个全国主推品种，其中全国主推品种 16 个，区域推荐品种 71 个，并将全国油茶产区划分为中部、东部、南部、北部、西南部、云贵高原和海南等七大区域，按照主推品种的适生区域分区推荐（表 3-2）。

表 3-2　全国油茶适生区主推品种汇总表

序号	区域	涉及范围	适宜种植品种	
			主推品种	推荐品种
1	中部栽培区	江西省全省	长林 53 号、长林 4 号、长林 40 号、华鑫、华金、华硕、湘林 XLC15、湘林 1 号、湘林 27 号、赣无 2 号、赣兴 48 号、赣州油 1 号	长林 3 号、赣石 83-4、赣无 1 号、赣州油 7 号
		湖南省全省	长林 53 号、长林 4 号、长林 40 号、华鑫、华金、华硕、湘林 XLC15、湘林 1 号、湘林 27 号	湘林 97 号、衡东大桃 39 号、德字一号、常德铁城一号
		湖北省全省	长林 53 号、长林 4 号、长林 40 号、华鑫、华金、华硕、湘林 XLC15、湘林 1 号、湘林 27 号、赣无 2 号、赣兴 48 号、赣州油 1 号	鄂林 151 号、鄂林 102 号
2	东部栽培区	安徽省南部	长林 53 号、长林 4 号、长林 40 号	黄山 1 号
		浙江省西南部	长林 53 号、长林 4 号、长林 40 号	浙林 2 号、浙林 6 号、浙林 8 号、浙林 10 号
		福建省中部、西部、北部	长林 53 号、长林 4 号、长林 40 号、湘林 XLC15、湘林 1 号、赣州油 1 号	闽 43 号、闽 48 号、闽 60 号、闽 79 号、闽杂优 22 号、闽油 1 号、闽油 2 号
3	南部栽培区	广西中部、南部和北部	岑软 3 号、岑软 2 号、长林 53 号、长林 4 号、长林 40 号、华鑫、华金、华硕、湘林 XLC15、湘林 1 号、湘林 27 号、赣州油 1 号	岑软 22 号、岑软 24 号、岑软 11 号、岑软 3-62 号、义禄、义丹、义臣、义雄、义娅、义轩香花油茶
		广东东部、西部和北部	岑软 3 号、岑软 2 号、长林 53 号、长林 4 号、长林 40 号、华鑫、华金、华硕、湘林 XLC15、湘林 1 号、湘林 27 号、赣无 2 号、赣兴 48 号、赣州油 1 号	粤韶 75-2、粤连 74-4、粤韶 77-1、韶 74-1

序号	区域	涉及范围	适宜种植品种	
			主推品种	推荐品种
4	西南栽培区	四川南部和东部	长林 53 号、长林 4 号、长林 40 号、华鑫、华金、华硕、湘林 XLC15、湘林 1 号、湘林 27 号	江安-1 号、江安-57 号、翠屏-15 号、翠屏-16 号、川荣-153 号、川荣-156 号、长林 3 号
		重庆东南部和中部	长林 53 号、长林 4 号、长林 40 号、华鑫、华金、华硕、湘林 XLC15、湘林 1 号、湘林 27 号	长林 3 号、长林 18 号
		贵州东部、南部、西南部	长林 53 号、长林 4 号、长林 40 号、华鑫、华金、华硕、湘林 XLC15、湘林 27 号、岑软 3 号、岑软 2 号	黔油 1 号、黔油 2 号
5	云贵高原栽培区	云南西部、东南部	无国审品种	云油 3 号、云油 4 号、云油 9 号、云油 13 号、云油 14 号、腾冲 1 号、腾冲 7 号、腾冲 9 号、德林油 4 号、盈林油 6 号
		贵州西北部	无国审品种	草海 1 号、草海 4 号
6	北部栽培区	河南省南部	长林 53 号、长林 4 号、长林 40 号、华鑫、华金、湘林 XLC15、湘林 1 号	长林 18 号、豫油 1 号
		安徽省大别山区	长林 53 号、长林 4 号、长林 40 号	大别山 1 号、长林 18 号、长林 3 号
		陕西南部	长林 53 号、长林 4 号、长林 40 号、华鑫、华金、湘林 XLC15 号、湘林 1 号	秦巴 1 号、长林 18 号、汉油 7 号、汉油 10 号、亚林所 185 号、亚林所 228 号

序号	区域	涉及范围	适宜种植品种	
			主推品种	推荐品种
7	海南栽培区	海南省北部和中部	无国审品种	琼东 2 号、琼东 8 号、琼东 9 号、越南油茶

第二节　主推良种介绍

适用于湖南省的主推油茶良种包括湖南省林业科学院选育的湘林良种，如湘林 1 号、湘林 27 号、湘林 63 号、湘林 67 号、湘林 78 号、湘林 97 号、湘林 210 号、湘林 117 号、湘林 124 号等；中南林业科技大学选育的"三华系列"的华硕、华金和华鑫；衡东县林业技术推广中心选育的衡东大桃 2 号和衡东大桃 39 号，常德市林科所选育的常德铁城一号和平江县林业局选育的德字 1 号等。下面对各个主推品种按选育情况、品种特性、栽培技术要点等进行简要介绍。

1. 湘林 1 号（国 S - SC - CO - 013 - 2006）

湘林 1 号（图 3 - 2）是湖南省林业科学院在邵阳市邵东县油茶产区选择的优树基础上培育出来的优良无性系。2006 年通过国家良种审定。

品种特性：属霜降籽型优良无性系。树体生长旺盛，树冠紧凑，枝叶茂盛，叶片浓绿。果实橄榄形，青黄红；每 500 g 鲜果的果数 15～30 个。花期 11 月上旬至 12 月下旬，果实成熟期 10 月底。平均冠幅产果量 1.161 kg/m²，鲜果出籽率 46.8%，干籽出仁率 52.07%，干仁含油率 38.47%，鲜果含油率 8.869%，连续四年平均亩产油量达 50.1 kg。油质好，油酸、亚油酸含量 88.81%。丰产性好，抗性强。

栽培技术要点：选择丘陵林地，带状或块状整地。容器大苗造林，每亩 60～70 株，施足基肥，株行距 3 m×3 m 或 3 m×4 m，每亩 50～75 株。新造幼林前 3 年注意补植培蔸，秸秆覆盖抗旱，定干培养树形，摘除花苞，及时抚育管理，合理修剪，及时防治病虫害。

湘林 1 号丰产示范林

湘林 1 号的花苞和花

湘林 1 号的果枝

湘林 1 号的鲜果和干籽

湘林 1 号在江西永修，造林后 6 年

湘林 1 号在湖南醴陵，造林后 7 年

湘林 1 号在贵州天柱栽培　　　　　湘林 1 号在广东清远栽培

图 3-2　湘林 1 号在主要产区的丰产特性

2. 湘林 27 号（国 S-SC-CO-013-2009）

湘林 27 号（图 3-3）是湖南省林业科学院在永州市宁远县油茶产区

选择的优树基础上培育出来的优良无性系。2009年通过国家良种审定。

品种特性：属霜降籽型优良无性系。树冠自然圆头形，生长旺盛，分枝力强，枝叶浓密，树体高大，枝梢下垂，叶片长，锯齿疏，基角尖；果青红色卵形，常不规则，有浅棱。每500g鲜果的果数16～30个，心室3～5个，皮薄，鲜果出籽率50.0％，干籽出仁率54.7％，干籽含油率37％，鲜果含油率10.7％。产油量66.4 kg/亩。花期11月上旬至12月下旬，果实成熟期10月下旬。

湘林27号丰产示范林

湘林27号鲜果和新梢

湘林27号花、果枝和籽

湘林 27 号在贵州天柱栽培

图 3 - 3　湘林 27 号

栽培技术要点：选择低山丘陵林地种植，带状或块状整地，施足底肥，株行距 3 m×3 m 或 3 m×4 m，每亩 50～75 株。新造幼林前 3 年注意补植培蔸，秸秆覆盖抗旱，定干培养树形，摘除花苞，及时抚育管理。成林投产后加强水肥管理，合理修剪，防治病虫害。

3. 湘林 63 号（国 S - SC - CO - 034 - 2011）

湘林 63 号（图 3 - 4）是湖南省林业科学院在衡东县油茶产区选择的优树基础上培育出来的优良无性系。2011 年通过国家良种审定。

湘林 63 号果枝单株

湘林 63 号幼树（造林后 4 年）、果枝

湘林 63 号花、鲜果、籽

图 3 - 4　湘林 63 号

品种特性：属霜降籽型优良无性系。树冠开心形，枝条开张，叶片小，柄短；花期 10 月下旬至 12 月中旬，果实成熟期 10 月下旬。果青黄或青红色，球形或卵球形；每 500 g 鲜果的果数 20～40 个，鲜果出籽率 42.4%，干籽含油率 37%，鲜果含油率 10.7%，产油量 53.2 kg/亩。

栽培技术要点：选择低山丘陵林地，带状或块状整地，合格壮苗造林，施足基肥，株行距 3 m×3 m 或 3 m×4 m，每亩 50～75 株。新造幼林前 3 年注意补植培蔸，秸秆覆盖抗旱，定干培养树形，摘除花苞，及时抚育管理。成林投产后加强水肥管理，合理修剪，及时防治病虫害。

4. 湘林 67 号（国 S－SC－CO－015－2009）

湘林 67 号（图 3 - 5）是湖南省林业科学院在长沙市长沙县油茶产区选择的优树基础上培育出来的优良无性系。2009 年通过国家良种审定。

品种特性：属霜降籽型优良无性系。树冠紧凑，圆头形，叶狭长；花期 10 月下旬至 12 月上旬，果实成熟期 10 月下旬。果形为卵形，青黄或青红色；每 500 g 鲜果的果数 20～40 个，鲜果出籽率 46.8%，种仁含油率 60.35%，鲜果含油率 9.1%，平均亩产油 69.72 kg。

湘林 67 号单株

湘林 67 号果枝、花

湘林 67 号花苞、鲜果和籽

湘林67号幼树，造林5年

图3-5 湘林67号

栽培技术要点：选择低山丘陵林地种植，带状或块状整地，施足底肥，株行距3 m×3 m或3 m×4 m，每亩50～75株。新造幼林前3年注意补植培蔸，秸秆覆盖抗旱，定干培养树形，摘除花苞，及时抚育管理。成林投产后加强水肥管理，合理修剪，防治病虫害。

5. 湘林78号（国S-SC-CO-035-2011）

湘林78号（图3-6）是湖南省林业科学院在长沙市油茶产区选择的优树基础上培育出来的优良无性系。2011年通过国家良种审定。

品种特性：湘林78号属霜降籽型优良无性系。树冠圆头形，分枝力强，花期10月下旬至12月中旬，果实成熟期10月下旬。果小，果实球形或卵形，青黄色或青红色；每500 g鲜果的果数20～40个，皮薄，鲜果出籽率47.0%，鲜果含油率8.0%，产油量54.6 kg/亩。油质好，油酸含量88.05%，亚油酸含量3.58%。

栽培技术要点：选择低山丘陵林地，带状或块状整地，合格壮苗造林，施足基肥，每亩50～75株。新造幼林前3年注意补植培蔸，秸秆覆盖抗旱，定干培养树形，摘除花苞，及时抚育管理。成林投产后加强水肥管理，合理修剪，及时防治病虫害。

湘林 78 号果枝单株

湘林 78 号新梢、花苞、花、鲜果和籽

湘林 78 号成林，湖南邵阳　　　　湘林 78 号单株，湖南醴陵

图 3-6　湘林 78 号

6. 湘林 97 号（国 S－SC－CO－019－2009）

湘林 97 号（图 3－7）是湖南省林业科学院在长沙市油茶产区选择的优树基础上培育出来的优良无性系。2009 年通过国家良种审定。

品种特性：属霜降籽型优良无性系。树冠自然圆头形，生长旺盛，分枝均匀，叶片窄，柄长；花期 10 月下旬至 12 月中旬，果实成熟期 10 月底，果实青红卵球形；每 500 g 鲜果的果数 20～40 个，鲜果出籽率 46.4％，干籽出仁率 68.59％，干仁含油率 50.51％，鲜果含油率 10.86％，产油量 60.1 kg/亩。

湘林 97 号挂果植株

湘林 97 号花、果枝和籽

湘林 97 号成林植株和新梢

湘林 97 号在湖南怀化鹤城，选林 6 年

湘林 97 号在江西鄱阳，选林 4 年

湘林97号在湖南邵阳，选林6年

湘林97号在湖南攸县，选林4年

图3-7　湘林97号

栽培技术要点：选择低山丘陵林地种植，带状或块状整地，施足底肥，株行距3 m×3 m或3 m×4 m，每亩50～75株。新造幼林前3年注意补植培蔸，秸秆覆盖抗旱，定干培养树形，摘除花苞，及时抚育管理。成林投产后加强水肥管理，合理修剪，防治病虫害。

7. 湘林210号（国S-SC-CO-015-2006）

湘林210号（图3-8）是湖南省林业科学院在株洲市茶陵县油茶产区选择的优树基础上培育出来的优良无性系。2006年通过国家良种审定，也称为湘林XLC15。

品种特性：属霜降籽型优良无性系。树冠圆头形，树体生长旺盛，树冠紧凑，叶片长椭圆形，基部楔形；花期10月下旬至12月上旬，果实成熟期10月下旬。果实红球、橘形，果大；每500 g鲜果的果数15～

湘林 210 号成林　　　　　　　　　湘林 210 号幼树挂果

湘林 210 号花、果枝、籽

湘林 210 号鲜果枝

湘林 210 号丰产示范，湖南浏阳　　湘林 210 号丰产示范林，湖南宁乡

湘林 210 号新造林，湖南宁乡　　　湘林 210 号单株，湖北阳新

湘林 210 号丰产示范，重庆彭水　　湘林 210 号丰产示范，广东韶关

湘林 210 号丰产示范，广西灌阳　　　湘林 210 号丰产示范，江西瑞金

湘林 210 号丰产示范，江西鄱阳　　　湘林 210 号丰产示范，江西石城

湘林210号丰产示范，贵州天柱

湘林210号果枝和新梢

图3-8 湘林210号

20个，鲜果出籽率44.8%，干籽含油率36.0%，鲜果含油率7.8%，产油量51.3 kg/亩。油质好，油酸、亚油酸含量达90.18%。

栽培技术要点：选择丘陵林地，带状或块状整地。株行距3 m×3 m或3 m×4 m，每亩50～75株，新造幼林前3年注意补植培蔸，秸秆覆盖抗旱，定干培养树形，摘除花苞，及时抚育管理。成林投产后加强水肥管理，合理修剪，及时防治病虫害。

8. 湘林117号（湘S-SC-CO-055-2010）

湘林117号（图3-9）是湖南省林业科学院在益阳市油茶产区选择的优树基础上培育出来的优良无性系。2010年通过国家良种审定。

品种特性：属寒露籽型优良无性系。树冠自然圆头形；叶椭圆形，先端渐尖，边缘有细锯齿或钝齿，长4.0～6.0 cm，宽3.2 cm左右，叶面光滑；花期稍早，花期10月中旬至11月中旬，花白色，直径4.5～6.3 cm，6瓣；果实成熟期10月中旬，果球形，青黄色，果径25～33 mm，心室2～4个，鲜果出籽率46.5%，干籽出仁率67.82%，种仁含油率51.54%，鲜果含油率8.65%，产油量42.0 kg/亩。

图 3-9　湘林 117 号植株、鲜果、花、新梢

栽培技术要点：选择湘北地区低山丘陵地，带状或块状整地，施足基肥；2 个以上品种合格苗配置造林，每亩 50～75 株；新造幼林前 3 年注意抚育管理，定干培育树形；成林投产后加强水肥管理，合理修剪，及时防治病虫害，适时采收。

9. 湘林 124 号（湘 S-SC-CO-057-2010）

湘林 124 号（图 3-10）是湖南省林业科学院在邵阳市邵东县油茶产区选择的优树基础上培育出来的优良无性系。2010 年通过省级良种审定。

图 3-10　湘林 124 号植株、花、鲜果、籽

品种特性：属寒露籽型优良无性系。树冠自然圆头形；叶椭圆形，先端渐尖，边缘有细锯齿或钝齿，长 4.0～6.0 cm，宽 3.2 cm 左右，叶面光滑；花期稍早，在湖南通常于 10 月中旬至 12 月上中旬开花，花白色，直径 5.0～6.8 cm，6 瓣；果实成熟期 10 月下旬，果球形或橘形，青黄或青红色，果径 28～41 mm，鲜果心室 5 个，鲜果出籽率 43.98%～47.3%，干籽出仁率 87.27%，种仁含油率 50.22%。

栽培技术要点：选择湘北地区低山丘陵地，带状或块状整地，施足基肥；2 个以上品种合格苗配置造林，株行距 3 m×3 m 或 3 m×4 m，每亩 50～75 株；新造幼林前 3 年注意抚育管理，定干培育树形；成林投产后加强水肥管理，合理修剪，及时防治病虫害，适时采收。

10. 华硕（国 S - SV - CO - 018 - 2021）

华硕（图 3 - 11）是中南林业科技大学在湖南省茶陵县油茶产区选择的优树基础上培育出来的优良无性系。2009 年通过国家良种审定，原优树编号：茶陵 77 - 4。

华硕成林大树，湖南长沙、江西宜春

华硕果枝、鲜果

图 3 - 11　华硕

品种特性：树冠圆头形，树体紧凑，叶卵形，反卷，墨绿色。花期11月上旬至12月中旬，果实成熟期11月上旬。果实硕大，橘形，成熟时黄色。心皮4个，种子数12～18粒。鲜果出籽率42.36%，种子百粒重250.0 g，干仁含油率41.71%，丰产稳产，抗炭疽病能力强。

栽培技术要点：芽苗砧嫁接。培育容器苗或轻基质苗栽植。栽植时施足基肥，配置授粉树，株行距3 m×3 m或3 m×4 m。

11. 华金（国 S - SV - CO - 017 - 2021）

华金（图3-12）是中南林业科技大学在湖南省茶陵县油茶产区选择的优树基础上培育出来的优良无性系。2009年通过国家良种审定，原优树编号：茶陵78-4。

华金成林大树　　　　　　　　华金高接换冠大树，湖南浏阳

华金成林大树，湖南新化　　　　华金幼树，湖南宁乡，造林4年

华金果枝、鲜果和新梢

图 3‑12 华金

品种特性：树冠纺锤形，叶卵形，浓绿，富光泽。花期 10 月下旬至 12 月上旬，果实成熟期 10 月下旬。果实较大，青色，椭圆形，心室 3～4 个，种子数 6～10 粒。鲜果出子率 36.38%，种子百粒重 220.82 g，干仁含油率 46.00%，丰产稳产，抗病性强。

栽培技术要点：芽苗砧嫁接。培育容器苗或轻基质苗栽植。栽植时施足基肥，配置授粉树，株行距 3 m×3 m 或 3 m×4 m。

12. 华鑫（国 S‑SV‑CO‑019‑2021）

华鑫（图 3‑13）是中南林业科技大学在湖南省茶陵县油茶产区选择的优树基础上培育出来的优良无性系。2009 年通过国家良种审定，原优树编号：茶陵 76‑6。

品种特性：树冠自然圆头，叶宽卵形，叶色较深。花期 10 月底至 11 月下旬，果实成熟期 10 月下旬。果实较大，扁圆形，果皮 4～5 裂，种子数 7～15 粒。鲜果出籽率 52.56%，种子百粒重 310.37 g，干仁含油率 39.97%，丰产稳产，抗病性强。

华鑫成林大树，湖南长沙、江西宜春

华鑫幼林，湖南宁乡，造林4年　　　　华鑫果枝

华鑫鲜果、种子和新梢

图3-13　华鑫

栽培技术要点：培育芽苗砧嫁接容器苗或轻基质苗栽植，栽植时施足基肥，配置授粉树，株行距3 m×3 m或3 m×4 m。

13. 衡东大桃2号（湘S-SC-CO-003-2012）

衡东大桃2号（图3-14）是衡东县林业技术推广中心在湖南省衡东县优良农家品种衡东大桃中选出的优树基础上培育出来的优良无性系。2012年通过湖南省良种审定。

品种特征：霜降品种群；树冠较窄，紧凑，叶片厚大；花期10月上旬至11月下旬，果实成熟期10月下旬。果皮红色，桃球形，平均单果重33.3 g，鲜果出籽率43.73%，干籽含油率30.58%；盛产期亩产油62.2 kg。

衡东大桃 2 号成年大树

衡东大桃 2 号幼树和果枝

衡东大桃 2 号新梢、花苞和花枝

图 3-14　衡东大桃 2 号

栽培技术要点：选择低山丘陵地，带状或块状整地，施足基肥；2个以上品种合格苗配置造林，每亩50～75株；新造幼林前3年注意抚育管理，定干培育树形；成林投产后加强水肥管理，合理修剪，及时防治病虫害，适时采收。

14. 衡东大桃39号（湘S-SC-CO-004-2012）

衡东大桃39号（图3-15）是衡东县林业技术推广中心在湖南省衡东县优良农家品种衡东大桃中选出的优树基础上培育出来的优良无性系。2012年通过湖南省良种审定。

品种特征：霜降品种群；树冠自然开心形，叶椭圆形；花期10月下旬至12月中旬；果皮红色，10月下旬成熟，平均单果重50.0 g，鲜果出籽率41.8%，干籽含油率28.33%；盛产期亩产油55.22 kg。

栽培技术要点：选择低山丘陵地，带状或块状整地，施足基肥，2个以上品种合格苗配置造林，每亩50～75株；新造幼林前3年注意抚育管理，定干培育树形；成林投产后加强水肥管理，合理修剪，及时防治病虫害，适时采收。

衡东大桃39号成年树

衡东大桃39号花、果枝

衡东大桃 39 号新梢

图 3‑15　衡东大桃 39 号

15. 常德铁城一号（湘 S0801‑CO2）

　　常德铁城一号（图 3‑16）是常德市林科所在湖南省常德市鼎城区油茶产区选择的优树基础上培育出来的优良无性系。2008 年通过湖南省良种审定。

常德铁城一号挂果植株和果枝

常德铁城一号新梢花、鲜果和籽

图 3‑16　常德铁城一号

品种特性：属寒露品种群，其树形紧凑，叶大浓绿，芽大饱满；花白色，花期 10 月中旬至 11 月下旬，果实成熟期 10 月上旬。果青褐色，桃形或近球形，果带脐，果皮平均厚 3.38 cm，平均单果重 19.4 g，鲜果出籽率为 41.87％，鲜籽百粒重 264 g，干籽出仁率 33.4％，干仁含油率 50.89％，抗逆性强，炭疽病、软腐病少见。茶油色泽明亮清香，油酸含量 78.17％，亚油酸含量 5.79％，不饱和脂肪酸含量 89.8％。

栽培技术要点：适应性强，在普通油茶分布区域内的红壤、黄壤，pH 值为 4.5～6.5 的酸性、微酸性土壤上均能正常生长结实。

16. 德字一号（湘 S0901－CO2）

德字一号（图 3－17）是平江县林业局在油茶产区童市镇德字村灯盏坡发现的优株中选育出来的优良无性系。2008 年通过湖南省良种审定。

品种特性：属霜降品种群，树体开张，分枝较低，分枝角度较大，枝条长而下垂，树体较矮，花芽丛生性强，果呈团状着生。花期 10 月中旬至 11 月中旬，果实成熟期 10 月中旬。果实球形，初期为红色，成熟时为红褐色。树冠自然开心形，树体较矮，平均单果重 21.5 g，鲜果出籽率 40.5％，鲜果含油率为 6.87％。盛产期亩平均产茶果 708.4 kg，折合平均亩产茶油 55.5 kg。

栽培技术要点：适应性强，在普通油茶分布区域内的红壤、黄壤，pH 值为 4.5～6.5 的酸性、微酸性土壤上均能正常生长结实。穴垦整地，株行距 3 m×（3～4）m，造林密度 60～90 株，连续 3 年抚育，合理整形，病虫防治，促进幼树生长。

德字一号挂果树

德字一号鲜果、籽

德字一号果枝　　　　　　德字一号幼果和新梢

德字一号，湖南醴陵，造林 7 年

德字一号幼树，湖南长沙，造林 4 年　　德字一号成林，江西宜春

图 3-17　德字一号

第三节　油茶主推良种鉴别

油茶种质资源主要分布在我国中南部以及长江流域，经过长期的人工调查和观测选育出了大量经济性状表现良好的种质资源材料，当前仅湖南、广西、江西和浙江四个省的山茶属基因库就已经收集了超过 4000 份油茶种质资源。目前已审定油茶良种 375 个，其中通过国家审（认）定 73 个；国家林业和草原局《全国油茶主推品种目录》公布 121 个主推品种，2022 年《全国油茶主推品种和推荐品种目录》公布 87 个主推和推荐品种。在国家公布的主推良种中，主要以普通油茶为主，也有一部分近缘种，种间差别较好区分，仅普通油茶种内约 90% 的良种，在生产实践中就容易混淆。因此，我们从形态和分子水平上进行探索，为良种应用和品种鉴别提供新方法。

一、湖南油茶主推良种形态鉴别

根据湖南省主推良种的主要生物学特性和经济性状，我们将湘林、三华、衡东大桃、常德铁城和德字等 15 个最常用的主推品种的主要信息、典型识别特征等集中汇总（表 3-3）。为了更好地便于读者使用，我们总结这些品种的形态特征，进行分类，编制检索表，方便查阅。

湖南主推良种检索表

1 花期 10 月中旬至 11 月中旬，果实 10 月上中旬完全成熟；叶片小。

 2 树体紧凑，果小或中，球或近球形。

  3 树体紧凑；果小，球形，青黄色，表皮多茸毛 ⋯⋯⋯⋯⋯⋯ 湘林 117

  3 树冠矮小，叶片肥厚，果中，青黄球，皮有褐斑⋯⋯⋯⋯⋯ 常德铁城一号

 2 树体开张，枝条质软下垂。

  3 树冠圆头形，枝叶下垂；果中，球形，青黄或青红，皮光滑 ⋯⋯⋯ 湘林 124

  3 树矮，枝长下垂，果红色或紫红色，桃形，有光泽⋯⋯⋯⋯⋯ 德字一号

1 花期 11 月上旬至 12 月上旬或下旬，果实 10 月下旬或以后完全成熟；叶片大或小。

 2 花期 10 月下旬至 12 月上旬或中旬，果实完全成熟 10 月下旬。

  3 新梢直立，叶小披针形、基角尖，与枝夹角小，黄绿色；果实大，规则的球形

或橘形，青红或青黄色 ························· 湘林 210

  3 新梢开张，叶中或大，长椭圆形，浓绿色；果实中或小，桃形或卵圆形，青红色或紫红色。

    4 树体茂盛开张，新梢顶端优势明显，叶厚脉不明显，叶柄长；果实桃形，青红或紫红色 ························· 湘林 97

    4 树体紧凑，叶片狭长椭圆形，有尾尖，叶厚脉凹；果实卵圆形，黄红或棕红色 ························· 湘林 67

2 花期 11 月中旬至 12 月下旬，果实完全成熟 10 月底至 11 月上旬。

  3 果实大，橘形或球形或橄榄形。

    4 树姿开张，枝梢粗，芽饱满，叶肥厚，果特大，橘球形，有浅棱，11 月上旬成熟 ························· 华硕

    4 树体紧凑，果大，球形或橘形或橄榄形，果实 10 月下旬至 10 月底成熟。

      5 树体紧凑，长势茂盛，果实橄榄形或梨形，青黄或青红色。

        6 枝叶茂盛，叶片亮绿，有光泽；果实橄榄形，青黄或青红色，表皮有云纹 ························· 湘林 1

        6 树形直立，枝叶浓绿、下垂，花期早，果梨形，青红，皮薄 ········ 华金

      5 树冠茂盛，圆头形，果球形，青黄色。

        6 树冠开张，果球形或橘形。

          7 树冠茂盛，圆头形，枝叶下垂，叶片小，无光泽；果球形，青黄色，表皮有锈斑 ························· 湘林 63

          7 树冠开张，叶边缘略曲，生长慢；果大，橘形或球形，青红色；有浅棱 ························· 华鑫

        6 树体直立，冠窄紧凑，叶厚无光泽，果红色，桃形或球形，皮厚，有光泽 ························· 衡东大桃 2 号

  3 果实中小，球形或不规则。

    4 树体茂盛，枝叶大而浓密，稍下垂，锯齿稀疏，基角尖；果中小，不规则，有浅棱，青红或青黄色 ························· 湘林 27

    4 树冠圆头，叶片长椭圆形，叶薄、柄短；果实小，球形，黄色，果皮薄 ························· 湘林 78

表3-3　湖南省主推良种重点信息表

品种名称	良种编号	类型	主要生物和经济性状	典型特征	花期	果熟期	配栽品种	应用情况
湘林210号	国S-SC-CO-015-2006	霜降籽	树势旺盛，叶片小披针形，基角尖；果球形或橘形，青黄或青红色；每500g鲜果果数15～20个，鲜果出籽率44.8%，鲜果含油7.8%，产油50～70 kg/亩。油酸、亚油酸含量90.18%。	树冠茂盛，叶细直立，基角尖；新梢多密；果大橘球形。	10月下旬至12月上旬	10月下旬	湘林97号、华鑫号、长林53号等	南方各油茶产区均适应，丰产性稳定。累计推广300多万亩。产区群众称其为"全球通"油茶良种。
湘林1号	国S-SC-CO-013-2006	霜降籽	树冠紧凑，叶橄榄形，叶浓绿有光泽。叶柄长；果黄红；每500g鲜果果数15～30个，鲜果出籽率46.8%，鲜果含油8.87%，产油50～60 kg/亩。油酸、亚油酸含量88.81%。	树冠茂盛紧凑，叶浓绿有光泽，果橄榄形，表皮有云纹。	11月上旬至12月下旬	10月底	湘林27号、湘林97号、华硕等	湖南、江西、湖北、广西、广东、贵州等产区，累计推广20多万亩。耐旱。
湘林27号	国S-SC-CO-013-2009	霜降籽	枝叶浓密，树体高大，枝梢下垂，叶片长，锯齿密，基角尖；果青红色，有浅棱。每500g鲜果果数16～30个，皮薄，鲜果出籽率50.0%，鲜果含油10.7%，产油量50～70 kg/亩。	枝叶浓密，树体高大，枝梢下垂，叶中大而浓密；果中小，不规则，皮薄籽黑。	11月上旬至12月下旬	10月下旬	湘林1号、湘林78号、华硕等	湖南、江西、湖北、广西、广东、贵州等产区，累计推广面积10多万亩。

续表1

品种名称	良种编号	类型	主要生物和经济性状	典型特征	花期	果熟期	配栽品种	应用情况
湘林97号	国S-SC-CO-019-2009	霜降籽	树冠自然圆头形，分枝均匀，叶片窄，柄长；果实青红，卵球形，每500g鲜果果数21~40个，鲜果出籽率46.4%，鲜果含油率10.86%，产油量60.1kg/亩。	枝梢顶端优势强，青果桃形，果紫红色，皮薄，籽大而黑。	10月下旬至12月中旬	10月底	湘林210号、湘林78号、湘林40号、华金等	湖南、江西、湖北、广东、广西、贵州等产区；累计推广面积10多万亩。
湘林63号	国S-SC-CO-034-2011	霜降籽	树冠开心形，枝条开张，叶片小，柄短；果青黄或青红色，球形，每500g鲜果果数22~42个，鲜果出籽率42.4%，鲜果含油率10.7%，产油量53.24kg/亩。油酸含量76.9%，亚油酸含量6.24%。	枝叶略青茂盛，叶片长椭圆形，果中或大，青黄色。	10月下旬至12月中旬	10月下旬	湘林78号、湘林1号等	湖南、江西、湖北、广东、广西、贵州等产区；累计推广面积2万多亩。
湘林67号	国S-SC-CO-015-2009	霜降籽	树冠紧凑、圆头形，叶狭长；分枝较开张，青红色，卵球形，每500g鲜果果数20~40个，鲜果出籽率46.8%，种仁含油率60.35%，鲜果含油率9.1%，产油量69.6kg/亩。	果实卵圆形，叶片长椭圆形，果小，有尾尖；黄红或棕红色。	10月下旬至12月上旬	10月下旬	湘林210号、湘林78号等	湖南、江西、湖北、广东、广西、贵州等产区；累计推广面积10多万亩。

续表 2

品种名称	良种编号	类型	主要生物和经济性状	典型特征	花期	果熟期	配栽品种	应用情况
湘林78号	国 S－SC－CO－035－2011	霜降籽	树冠圆头形。果小、球形、黄色。每500g鲜果果数20~40个，鲜果出籽率44.5%~47.0%。产油量54.58 kg/亩。	叶片长椭圆形；果实俗称"小黄球"，皮薄籽少。	10月下旬至12月中旬	10月下旬	湘林1号、湘林63号等	湖南、江西、湖北、广西、广东、贵州等产区；累计推广面积10多万亩。
湘林117号	湘 S－SC－CO－055－2010	寒露籽	树冠自然圆头形。端阔，较开张，叶小，顶端尖。果实球形。青黄色。每500g鲜果果数40~70个，鲜果出籽率46.5%。鲜果含油率8.65%。产油量42.0 kg/亩。	树体紧凑；果小、球形、青黄色、表皮多茸毛。	10月中旬至11月中旬	10月上旬	湘林124号、常德铁城一号等	湖南北部、贵州、重庆等产区；寒露籽类型，在湘鄂等地区推广2万多亩。
湘林124号	湘 S－SC－CO－057－2010	寒露籽	树冠圆头形。叶小，顶端阔；每500g鲜果果数20~50个，鲜果出籽率45.5%。鲜果含油率8.65%。产油量42.0 kg/亩。	枝叶下垂；果中、球形、青黄色或青红色。	10月中旬至11月中旬	10月上旬	湘林117号、常德铁城一号等	湖南北部、贵州、重庆等产区；寒露籽类型，在湘鄂等地区推广2万多亩。
华硕	国 S－SC－CO－011－2009	霜降籽	树冠圆头形。树体紧凑。果实颜色墨绿色。心黄色。果实硕大，橘形。种皮4个，种子百粒重250.0g，干籽含油率41.71%。丰产稳产，抗炭疽病能力强。	树姿开张、枝粗；叶大稀疏、叶卵形、反卷；果大、橘形、青黄色、皮稍厚、有棱、籽多。晚熟。	11月上旬至12月中旬	11月上旬	华鑫、湘林210号等	湖南、江西全境及广西、湖北和贵州部分地区。

品种名称	良种编号	类型	主要生物和经济性状	典型特征	花期	果熟期	配栽品种	应用情况
华金 CO-010-2009	国 S-SC-CO-010-2009	霜降籽	树冠纺锤形。叶卵形。青色。浓绿富光泽。果实较大。种籽数 6～10 粒。心皮 3～4 个。抗逆性强。病虫害少。鲜果出籽率 36.38%。种子百粒重 220.82 g。干籽含油率 46.00%。丰产稳产。抗病性强。	树形直立。枝叶浓绿紧凑下垂。花期早。果梨形。大。青红色。皮薄。	10 月下旬至 12 月上旬	10 月下旬	华鑫、长林 53 号等	湖南、江西全境及广西、湖北和贵州部分地区。
华鑫 CO-009-2009	国 S-SC-CO-009-2009	霜降籽	树冠自然圆头。叶宽卵形。叶色较深。果实较大。果皮 4～5 裂。种籽数 7～15 粒。抗逆性强。病虫害少。鲜果出籽率 52.56%。种子百粒重 310.37 g。干籽含油率 39.97%。丰产稳产。抗病性强。	树冠开张。叶边缘略曲。生长慢；果橘球形。大。果皮黄。红色。	10 月底至 11 月下旬	10 月下旬	华金、湘林 210 号等	湖南、江西全境及广西、湖北和贵州部分地区。
衡东大桃 2 号 2012	湘 S-SC-CO-003-2012	霜降籽	树冠较窄。桃球形。叶片厚大；果皮红色。10 月下旬成熟。平均单果重 33.3 g。鲜果出籽率 43.73%。干籽含油率 30.58%；盛产期亩产油 62.2 kg。	树体直立。果红色。桃形或球形。皮厚有光泽。	10 月上旬至 11 月下旬	10 月下旬	湘林 27 号、湘林 78 号等	湖南中部地区。

续表 4

品种名称	良种编号	类型	主要生物学和经济性状	典型特征	花期	果熟期	配栽品种	应用情况
衡东大桃39号	湘S-SC-CO-004-2012	霜降籽	树冠自然开心形，叶椭圆形；果皮红色、球形，平均单果重50.0 g，鲜果出籽率41.8%，干籽含油率28.33%；盛产期亩产油55.22 kg。	树势直立，叶平展，椭圆形，叶渐尖；果皮红色、球形。	10月下旬至12月中旬	10月下旬	衡东大桃2号、湘林XLC15	湘中、湘南等地区。
常德铁城一号	湘S0801-CO2	寒露籽	树形紧凑，叶大浓绿，小枝粗短，芽大饱满；果皮褐色，桃形或近球形，平均单果重19.4 g，鲜果出籽率33.4%，出仁率50.89%，干仁含油率7.2%，亩产油63.94 kg。抗逆性强。油酸78.17%，亚油酸5.79%，碘值85.26，皂化值194。	树体紧凑矮小，叶片肥厚，小，青黄色，果桃形，有褐斑。	10月中旬至11月下旬	10月上旬	湘林117号、湘林124号、德宁一号等	湖南北部地区。
德宁湘一号	湘S0901-CO2	寒露籽	树体较矮，开张，枝条长而下垂。果呈簇状着生。成熟时红褐色。平均单果重21.5 g，鲜果出籽率40.5%，盛产期亩产茶果708.4 kg，鲜果含油率6.87%，盛产期亩产茶油55.5 kg。	树体矮、紧，花芽丛生，花芽初为红色，果中等、球形或桃形，红色或红褐色。	10月中旬至11月中旬	10月中旬	湘林117号、湘林124号、常德铁城一号等	湖南北部地区。

二、湖南油茶主推良种 DNA 指纹图谱

油茶是多年生的经济林树种，属虫媒异花授粉植物，在环境胁迫和遗传选择下，油茶种质的表型变异度高而且基因型丰富。长期以来，油茶遗传资源的评价和选种育种主要依据表型特征，有其简便易行的优势，但难度很大，而且需要不同季节连续观测，周期过长。因此，通过引进现代分子生物学技术，利用油茶形态特征与 DNA 分子标记等，构建油茶主推良种以及主要核心育种群体种质等的形态特征数据库与 DNA 指纹特征图谱库，为建立精准、高效的油茶种苗早期鉴别技术和繁育技术标准积累理论和技术基础。尽管 DNA 分子标记已被长期用于研究油茶种质的遗传多样性，但对具有相同栖息地和树龄相同油茶种质的遗传多样性进行表型研究仍然是可靠的。为了促使油茶主推品种苗木等的鉴别技术体系更加精准、高效，应系统地针对国家林业局与各省级审（认）定的油茶良种构建形态特征数据库，并采用精准、高效的分子标记，系统地针对国家林草局与各省级审（认）定的油茶良种构建高质量的 DNA 指纹图谱。采用 146 对 SSR 分子标记引物进行 PCR 扩增检测，经多轮筛选，最终有 8 对 SSR 分子标记引物能够有效地扩增目的检测片段。采用毛细管电泳两种方式对油茶主推良种和重要种质的 SSR 分子标记多态性进行检测，根据毛细管电泳图的特征峰对应的横坐标记录等位基因片段长度；并制定待检种质的品种检测相关标准流程，以保障油茶良种苗木的规范生产和经营。

1. 油茶主推良种及重要种质标准株

湖南省 20 个油茶主推良种及重要种质的标准株均已挂牌标记，每个良种（种质）标记 3 株，标准株栽植地如表 3-4 所示，并取以标准株为接穗的嫁接幼苗栽植到国家油茶工程技术中心种质资源库（图 3-18），每个良种 10 株。

表 3-4　湖南省油茶主推良种及重要种质标准株信息表

序号	品种名称	代号
1	湘林 1 号	XL1

序号	品种名称	代号
2	湘林 27 号	XL27
3	湘林 63 号	XL63
4	湘林 67 号	XL67
5	湘林 78 号	XL78
6	湘林 97 号	XL97
7	湘林 210 号	XL210
8	湘林 117 号	XL117
9	湘林 124 号	XL124
10	华金	HJ
11	华鑫	HX
12	华硕	HS
13	衡东大桃 2 号	HD2
14	常德铁城一号	TC1
15	国油 12 号	GY12
16	国油 13 号	GY13
17	国油 14 号	GY14
18	国油 15 号	GY15
19	湘林 69 号	XL69
20	衡东大桃 39 号	HD39

图 3-18　湖南省油茶主推良种 DNA 指纹图谱标准株

2. 形态特征数据库

对参与调查的油茶种质资源的叶片和果实形态等 11 个数量性状进行测量，并以 $\bar{x}\pm0.5246\sigma$ 为阈值，将各表型性状指标划分为高、中、低三个水平，统计结果如表 3-5。

表 3-5　湖南省油茶主推良种及重要种质表型性状统计表

表型性状	平均值	标准差	变异系数	低	中	高
果高/mm	39.57	5.29	13.36%	<36.79	36.79~42.35	>42.35
果径/mm	40.78	6.51	15.96%	<37.36	37.36~44.20	>44.20
果型指数	0.98	0.13	13.47%	<0.91	0.91~1.05	>1.05
果重/g	35.59	14.12	39.67%	<28.18	28.18~43.00	>43.00
果皮厚度——顶/mm	8.06	1.92	23.87%	<7.05	7.05~9.07	>9.07
果皮厚度——中/mm	4.17	0.99	23.67%	<3.65	3.65~4.69	>4.69
果皮厚度——基/mm	3.91	1.03	26.36%	<3.37	3.37~4.45	>4.45
叶片长/mm	66.58	10.07	15.13%	<61.3	61.3~71.86	>71.86
叶片宽/mm	30.98	6.84	22.06%	<27.39	27.39~34.57	>34.57
叶型指数	2.19	0.31	14.07%	<2.03	2.03~2.35	>2.35
叶柄长/mm	6.08	2.48	40.80%	<4.78	4.78~7.38	>7.38

将湖南省油茶主推良种及重要种质的叶片表型性状进行研究。

从叶长表型性状来看，置信区间处于高水平（>71.86 mm）的品种有国油 12、衡东大桃 2 号和常德铁城一号；处于中水平（61.30~71.86 mm）的品种有衡东大桃 39 号、华金、湘林 210 号、湘林 78 号和湘林 97 号；处于低水平（<61.30 mm）的品种有华鑫、湘林 117 号和湘林 63 号（表 3-6）。

表3-6 湖南省油茶主推良种及重要种质表型性状95%置信区间

品种	叶长/mm	叶宽/mm	叶柄长/mm	叶型指数	果高/mm	果径/mm	果型指数	果重/g	果皮厚顶/mm	果皮厚中/mm	果皮厚基/mm
国油12号	91.4~99.67	44.58~50.08	7.21~8.55	1.92~2.15	41.30~45.6	45.20~46.86	0.90~0.99	45.93~51.97	9.09~10.5	4.60~5.27	5.73~7.16
国油13号	60.16~62.55	26.24~31.7	6.53~7.26	2.11~2.28	41.82~44.07	40.14~42.12	1.01~1.08	34.07~38.05	8.77~9.89	3.43~4.14	4.22~5.17
国油14号	68.02~73.31	28.46~31.54	3.73~4.94	2.28~2.46	38.87~42.09	45.00~47.02	0.84~0.92	40.41~46.44	7.14~8.49	3.71~5.11	2.83~3.58
国油15号	71.33~76.07	30.75~32.53	10.21~11.34	2.27~2.4	39.18~42.2	33.86~35.80	1.14~1.19	20.14~23.90	10.67~11.76	3.62~4.02	3.08~3.81
衡东大桃2号	76.96~83.19	39.35~42.55	6.26~7.15	1.91~2.02	41.24~43.98	45.63~48.37	0.87~0.94	47.45~53.56	8.06~8.91	4.32~5.07	3.90~5.05
衡东大桃39号	61.35~64.85	23.91~26.13	3.77~4.76	2.46~2.63	41.46~43.76	45.13~46.78	0.89~0.96	46.49~51.36	6.24~6.88	3.80~4.83	3.33~3.72
华金	63.62~69.08	29.90~33.63	3.13~3.84	2.05~2.16	40.37~42.83	36.99~40.06	1.02~1.15	29.66~33.9	8.09~8.99	4.07~4.66	4.16~4.75
华硕	69.74~75.26	36.92~39.46	5.12~6.32	1.85~1.96	36.89~39.84	48.80~51.71	0.74~0.79	50.3~60.31	8.85~9.87	5.63~6.01	3.64~4.2

续表 1

品种	叶长/mm	叶宽/mm	叶柄长/mm	叶型指数	果高/mm	果径/mm	果型指数	果重/g	果皮厚顶/mm	果皮厚中/mm	果皮厚基/mm
华鑫	56.24~59.46	31.16~34.14	4.36~5.12	1.70~1.91	33.08~36.52	40.64~43.30	0.77~0.90	30.31~32.77	6.21~7.09	3.12~3.69	3.17~3.78
常德铁城一号	72.40~75.77	35.47~37.93	3.35~4.05	1.97~2.09	38.94~42.73	37.70~42.3	0.97~1.09	25.13~32.63	8.08~9.36	4.52~5.20	3.85~4.70
湘林 1 号	59.56~65.91	30.20~33.26	6.44~7.44	1.90~2.06	48.7~51.08	41.84~43.97	1.13~1.20	42.76~49.25	11.55~12.59	4.11~4.76	4.00~4.34
湘林 117 号	57.16~61.24	23.51~26.52	5.74~6.83	2.31~2.48	42.44~45.54	40.05~42.19	1.05~1.09	35.41~38.96	8.39~9.46	4.81~5.79	4.66~4.84
湘林 124 号	58.77~62.16	26.81~28.58	4.92~5.74	2.15~2.23	37.72~40.79	49.66~50.92	0.75~0.81	55.3~58.32	4.74~6.03	3.89~4.73	4.18~4.81
湘林 210 号	65.53~70.20	27.10~29.03	6.10~6.96	2.33~2.52	41.67~44.07	46.82~50.60	0.84~0.93	53.87~63.00	8.3~9.02	4.34~5.11	4.38~5.01
湘林 27 号	69.11~77.56	28.53~34.27	5.92~7.15	2.25~2.48	35.47~37.79	38.59~41.12	0.89~0.95	28.18~32.54	5.42~6.34	2.93~3.17	2.80~3.32
湘林 63 号	54.47~57.77	24.34~26.41	2.91~3.70	2.14~2.33	26.34~29.83	26.04~29.46	0.98~1.05	8.89~12.68	5.72~6.38	3.25~4.29	2.24~2.62

续表 2

品种	叶长/mm	叶宽/mm	叶柄长/mm	叶型指数	果高/mm	果径/mm	果型指数	果重/g	果皮厚顶/mm	果皮厚中/mm	果皮厚基/mm
湘林 67 号	61.22~64.66	24.24~26.13	7.82~8.98	2.43~2.62	39.54~42.83	37.3~40.4	1.03~1.09	26.92~33.42	7.63~8.58	2.84~3.46	2.82~3.20
湘林 69 号	60.61~66.32	32.15~36.11	7.24~8.36	1.81~1.92	32.05~34.27	34.16~36.13	0.92~0.97	19.7~23.23	5.01~5.68	2.63~3.27	3.09~3.71
湘林 78 号	61.80~66.04	29.33~31.36	3.48~4.53	2.04~2.19	29.92~31.63	26.24~27.74	1.10~1.18	10.93~12.32	6.43~7.25	2.71~3.78	3.27~3.88
湘林 97 号	62.59~66.35	26.11~28.29	6.58~7.83	2.28~2.48	39.41~41.79	37.56~38.98	1.04~1.09	28.91~32.02	7.09~7.77	4.24~4.78	3.02~3.85

从叶宽表型性状来看，置信区间处于高水平（>34.57 mm）的品种有国油 12 号、衡东大桃 2 号、华硕和常德铁城一号；处于中水平（27.39～34.57 mm）的品种有国油 14 号、国油 15 号、华金、华鑫、湘林 1 号、湘林 27 号和湘林 78 号；处于低水平（<27.39 mm）的品种有衡东大桃 39 号、湘林 117 号、湘林 63 号和湘林 67 号。

从叶型指数性状来看，置信区间处于高水平（>2.35）的品种有衡东大桃 39 号和湘林 67 号；处于中水平（2.03～2.35）的品种有国油 13 号、华金、湘林 124 号、湘林 63 号和湘林 78 号；处于低水平（<2.03）的品种有衡东大桃 2 号、华硕、华鑫和湘林 69 号。

从叶柄长表型性状来看，置信区间处于高水平（>7.38 mm）的品种有国油 15 号和湘林 67 号；处于中水平（4.78～7.38 mm）的品种有国油 13 号、衡东 2 号、华硕、湘林 117 号、湘林 124 号、湘林 210 号和湘林 27 号；处于低水平（<4.78 mm）的品种有衡东大桃 39 号、华金、常德铁城一号、湘林 63 号和湘林 78 号。

从叶柄长表型性状来看，置信区间处于高水平（>7.38 mm）的品种有国油 15 号和湘林 67 号；处于中水平（4.78～7.38 mm）的品种有国油 13 号、衡东大桃 2 号、华硕、湘林 117 号、湘林 124 号、湘林 210 号和湘林 27 号；处于低水平（<4.78 mm）的品种有衡东大桃 39 号、华金、常德铁城一号、湘林 63 号和湘林 78 号。

从果高表型性状来看，置信区间处于高水平（>42.35 mm）的品种有湘林 1 号和湘林 117 号；处于中水平（36.79～42.35 mm）的品种有国油 14 号、国油 15 号、华硕、湘林 124 号和湘林 97 号；处于低水平（<36.79 mm）的品种有华鑫、湘林 63 号、湘林 69 号和湘林 78 号。

从果径表型性状来看，置信区间处于高水平（>44.20 mm）的品种有国油 12 号、国油 14 号、衡东大桃 2 号、衡东大桃 39 号、华硕、湘林 124 号和湘林 210 号；处于中水平（37.36～44.20 mm）的品种有国油 13 号、华金、常德铁城一号、湘林 1 号、湘林 117 号、湘林 27 号和湘林 97 号；处于低水平（<37.36 mm）的品种有国油 15 号、湘林 63 号和湘林

78号。

从果型指数性状来看，置信区间处于高水平（＞1.05）的品种有国油15号、湘林1号、湘林117号和湘林78号；处于中水平（0.91～1.05）的品种有湘林63号和湘林69号；处于低水平（＜0.91）的品种有华硕、华鑫和湘林124号。

从单果重表型性状来看，置信区间处于高水平（＞43.00 g）的品种有国油12号、衡东大桃2号、衡东大桃39号、华硕、湘林124号和湘林210号；处于中水平（28.18～43.00 g）的品种有国油13号、华金、华鑫、湘林117号、湘林27号和湘林97号；处于低水平（＜28.18 g）的品种有国油15号、湘林63号、湘林69号和湘林78号。

从顶部果皮厚度表型性状来看，置信区间处于高水平（＞9.07 mm）的品种有国油12号、国油15号和湘林1号；处于中水平（7.05～9.07 mm）的品种有国油14号、衡东大桃2号、华金、湘林210号、湘林67号和湘林97号；处于低水平（＜7.05 mm）的品种有衡东大桃39号、湘林124号、湘林27号、湘林63号和湘林69号。

从中部果皮厚度表型性状来看，置信区间处于高水平（＞4.69 mm）的品种有华硕和湘林117号；处于中水平（3.65～4.69 mm）的品种有华金；处于低水平（＜3.65 mm）的品种有湘林27号、湘林67号和湘林69号。

从基部果皮厚度表型性状来看，置信区间处于高水平（＞4.45 mm）的品种有国油12号和湘林117号；处于中水平（3.37～4.45 mm）的品种有华硕和湘林1号；处于低水平（＜3.37 mm）的品种有湘林27号、湘林63号和湘林67号。

3. 基于表型性状的品种鉴别

将湖南省油茶主推良种及重要种质表型性状95％置信区间处于各表型性状指标高、中、低水平的统计情况整理如表3-7所示。

表 3 – 7　湖南省油茶主推良种及重要种质表型性状统计表

品种	叶长			叶宽			叶柄长			叶型指数			果高			果径			果型指数			果重			顶部果皮厚			中部果皮厚			基部果皮厚		
	高	中	低	高	中	低	高	中	低	高	中	低	高	中	低	高	中	低	高	中	低	高	中	低	高	中	低	高	中	低	高	中	低
国油12号	√				√		√	√		√	√	√	√						√	√						√		√	√		√		
国油13号		√	√	√	√		√				√			√			√			√			√			√			√		√	√	
国油14号	√	√			√		√			√				√			√		√	√			√		√			√			√	√	
国油15号	√	√		√			√				√						√		√	√			√		√			√			√		
衡东大桃2号	√				√			√		√	√		√			√			√	√			√		√			√	√				
衡东大桃39号	√				√		√			√				√	√		√			√			√		√			√			√		
华金	√			√			√			√			√			√			√			√			√			√			√		
华硕	√	√			√		√			√			√			√			√			√			√			√			√		
华鑫	√			√			√			√			√			√			√			√			√			√	√		√		
常德铁城号	√				√		√			√	√		√			√			√	√			√		√			√			√		
湘林1号	√	√		√			√			√			√			√			√			√				√		√			√		
湘林117号		√		√			√			√			√			√			√				√								√		
湘林124号	√	√	√		√		√			√			√			√			√	√			√		√	√		√	√		√		

续表

品种	叶长			叶宽			叶柄长			叶型指数			果高			果径			果型指数			果重			顶部果皮厚			中部果皮厚			基部果皮厚		
	高	中	低	高	中	低	高	中	低	高	中	低	高	中	低	高	中	低	高	中	低	高	中	低	高	中	低	高	中	低	高	中	低
湘林210号		√		√	√			√		√	√		√	√		√			√	√	√					√		√	√		√	√	
湘林27号	√	√			√			√				√		√						√						√							√
湘林63号		√			√			√			√			√			√			√						√		√	√			√	
湘林67号	√	√		√	√			√			√			√					√	√	√				√	√						√	
湘林69号	√	√	√	√	√						√						√			√						√			√		√	√	
湘林78号		√			√			√			√						√		√	√			√			√		√	√		√	√	
湘林97号		√		√	√		√	√			√			√			√			√			√			√		√	√		√	√	

　　基于湖南省油茶主推良种及重要种质表型性状的相似性分析，结果表明通过测量主要叶片和果实表型性状可以达到鉴别（图3-19）。

　　基于湖南省油茶主推良种及重要种质叶片表型性状的品种检索（表3-8），可以达到对部分品种进行早期鉴别的目的，基于叶片性状无法进行鉴别的品种，可以结合果实表型性状进行鉴别。

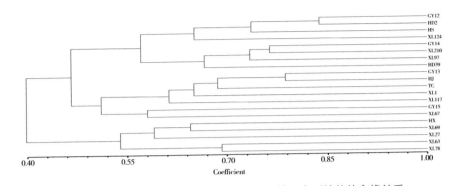

图 3-19　湖南省油茶主推良种及重要种质基于表型性状的亲缘关系

表 3-8　基于湖南省油茶主推良种及重要种质表型性状的品种检索表

叶长	叶宽	叶型	叶柄长	品种
高	高		高	国油 12 号
		中	中	国油 12 号
			低	常德铁城一号
		低	高	国油 12 号
			中	国油 12 号、衡东大桃 2 号、华硕
			低	常德铁城一号
中	高		高	国油 15 号
		高	中	国油 14 号（果径＞44.20 mm）、湘林 27 号（果径 37.36～44.20 mm）
			低	国油 14 号
	中		高	国油 15 号
		中	中	国油 14 号（果径＞44.20 mm）、湘林 27 号（果径 37.36～44.20 mm）
			低	国油 14 号

续表1

叶长	叶宽	叶型	叶柄长	品种
中	高	中		湘林124号
			高	湘林69号
		低	中	华硕（果高36.79～42.35 mm）、湘林69号（果高<36.79 mm）
			高	国油15号（果径<37.36 mm）、湘林97号（果径37.36～44.20 mm）
		高	中	国油14号、湘林124号、湘林210号、湘林27号、湘林97号
			低	国油14号
	中	中	高	国油15号（果高36.79～42.35 mm，果皮厚度——顶>9.07 mm）、湘林1号（果高>42.35 mm，果皮厚度——顶>9.07 mm）、湘林97号（果高36.79～42.35 mm，果皮厚度——顶7.05～9.07 mm）
			中	国油13号、国油14号、湘林1号、湘林210号、湘林27号、湘林97号
			低	国油14号（果径>44.20 mm）、华金（果径<44.20 mm）
		低	高	湘林1号（果高>42.35 mm）、湘林69号（果高<36.79 mm）
			中	湘林1号（果高>42.35 mm）、湘林69号（果高<36.79 mm）
			低	湘林78号
	低	高	高	湘林67号（果皮厚度——中<3.65 mm）、湘林97号（果皮厚度——中>3.65 mm）
			中	湘林210号（果径>44.20 mm）、湘林97号（果径37.36～44.20 mm）
			低	衡东大桃39号
		中	高	湘林97
			中	国油13号、湘林210号、湘林97号

续表2

叶长	叶宽	叶型	叶柄长	品种
		中		湘林124号
	高	低	高	湘林69号
		中	中	湘林69号
		低	高	湘林1号
		高	中	国油13号、湘林1号、湘林124号
低	中	中	高	湘林1号（果高>42.35 mm）、湘林69号（果高<36.79 mm）
			中	华鑫、湘林1号、湘林69号
			低	华鑫
			高	湘林67号
	低		中	湘林117号
		低	中	国油13号（果皮厚度——中<4.69 mm）、湘林117号（果皮厚度——中>4.69 mm）
			低	湘林63号

4. SSR 分子标记的引物筛选

基于茶树基因组和油茶叶片转录组测序数据，设计 146 对重复单元长度为 4～6 bp 的 SSR 分子标记位点检测引物。以油茶良种湘林 210 号和湘林 97 号叶片为试验材料，提取基因组 DNA，对 146 对 SSR 分子标记引物进行 PCR 扩增检测，验证引物扩增效率和稳定性。经 3 轮筛选，最终获得 8 对 SSR 分子标记引物，能够有效地扩增目的检测片段（表 3-9）。

5. 基于 SSR 分子标记多态性的 DNA 指纹图谱

完成了 8 对引物×20 个品种×3 个标准株的 PCR 扩增，采用毛细管电泳和 SDS－PAGE 电泳两种方式对油茶主推良种和重要种质的 SSR 分子标记多态性进行检测，根据毛细管电泳图的特征峰对应的横坐标记录等位基因片段长度（表 3-10）。

表 3 - 9　筛选获得 SSR 分子标记引物信息表

引物名称	正向序列	反向序列	重复单元	目的片段大小/bp
S010	TGGCTCCGAGATCTCAACAG	CCCCCAACTCAACTCCCATC	GATTG	230~290
S016	TGTCTGTGAAACCGAAATATACGT	TGTCTCTCACACTGCGCAATA	TTTTTA	250~310
S022	TCCGCCAACGATTTCATCCA	GCTGGATGGAAAACATGGA	ACACCA	240~300
S033	CACTACACATTCACCGGGCT	TAGCACGGTCACTCCATGAG	TTTTTC	200~260
S052	TCAGTACCCGACCCAGAGAG	CCGTCCTTTGATCTTCATGGA	GAAGAT	170~230
S068	ACAGAATGGATGCCAACGGT	CGTGCCGCTTGTTGAATCAT	CTTTT	250~310
S096	ACTCCCTCTCTCGTCGGAAA	CGGCAGAAGCAGAGGAATGA	TTCCAA	230~290
S135	CCCTTAATAGGCCAGACCGC	TGGAGTTTTGCCATTATGCTTTGA	AAAAT	170~230

表 3 – 10 油茶主推良种和重要种质的 SSR 分子标记位点多态性统计

品种	S010	S016	S022	S033	S052	S096	S111	S135
湘林1号	248 263 268	261 273	259 271 289	210 222 228	186 198 204 216	237 249 261	236 242 275	196 201
湘林27号	253 258 263 268	261 273	259 271 277 283	210 216 222 228	180 192 198	243 261	236 242 275	191 196 201 206
湘林63号	248 253 258	261	259 271 283	210 222 228	180 186 192 198 204	243 249 255 261	242 254 275 285	186 191 196 201
湘林67号	248 253 258 263	255 261	259 265 271 277	216 222 228	186 198 204 210	237 243 249 261 267	230 236 275	186 191 196 201
湘林78号	248 253 258 263	249 261 267 273	259 265 271 277	186 222 228	180 186 198	237 243 255 261	224 230 236 242 248	196 201
湘林97号	248 253 258 263	261 267	259 265 271 277	210 216 222	180 186 192 198	237 243 255	218 224 236 242 275	191 196 201
湘林210号	248 253 258 263	255 261	271 277 283	210 216 222 228	192 198 210	237 243 255 261	236 242 275	186 196 201
湘林117号	253 258	261 273	259 265 277 283	210 216 222 228	192 198 204	237 243 255 261	224 236 242	186 191 196 201
湘林124号	248 253 258 263	261 273 309	259 271 277 283	216 222 228	180 192 198	243 249 255	236 242	186 196 201
华金	248 253 258 263	249 261	259 271	210 222 228	180 186 198 204	237 249 261	224 236 242	181 186 196 201

续表

品种	S010	S016	S022	S033	S052	S096	S111	S135
	site 01 02 03 04 05	site 01 02 03 04 05	site 01 02 03 04 05	site 01 02 03 04 05	site 01 02 03 04 05	site 01 02 03 04 05	site 01 02 03 04 05	site 01 02 03 04 05
华鑫	253 258 263	268 261 273	259 271 277	210 222 228	186 198 216	243 261	236 242 254 275	181 186 191 196 201
国油12号	253 258 263	261	265 271 283	210 216 222 228	174 180 198	237 243 249 255 261	224 230 242	191 196 201
国油13号	253 258 263	261	259 271 277	222	180 186 198 204	243 249 255	236 275	196 201
国油14号	258	249 261 285	265 271 277 283	210 222	186 192 198 210	243 249 255 261	236 242 275	186 191 196 201
国油15号	253 258 263	249 261 267	271 277 283	210 216 222 228	186 192 198 204	237 243 249	230 236 242	196 201
湘林69号	248 258 263	268 261	259 271 277 283	210 222 228	180 186 198	237 249 255	218 224 230 236 242	186 191 196 201
华硕	253 258 263	249 261 273	259 271 277	210 216 222 228	174 180 192 198 204	237 243 255	236 242	181 191 196 201
衡东大桃2号	248 258	261	259 271 277	210 222 228	180 192 198 204 216	243 249 255	224 230 236 242	191 196 201
衡东大桃39号	253 258 263	261	259 271 277	222	180 186 192 198	243 249 255	236	196 201
常德铁城一号	253 258	261	259 271 277	210 222 228	180 198 204	237 243 249 255 261	236 242	191 196 201

根据不同样品之间的 Dice 遗传相似系数，利用 UPGMA 方法构建了油茶种质间遗传关系的聚类图。参试的 20 个油茶主推良种和重要种质的 Dice 遗传相似系数在 0.67～0.92，表明使用的 9 个 SSR 标记位点可以完全区分参与调查的 20 个油茶主推良种和重要种质（图 3‑20）。

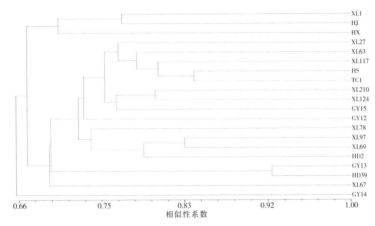

图 3‑20 油茶主推良种和重要种质间亲缘关系的系统发育树

通过分析发现，最少可以通过 S016 和 S052 两个 SSR 分子标记位点的多态性等位基因检测数据，即可鉴别参试的 20 个油茶主推良种和重要种质，能够精简、高效地完成主要油茶品种鉴别（图 3‑21）。

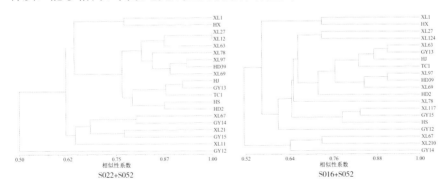

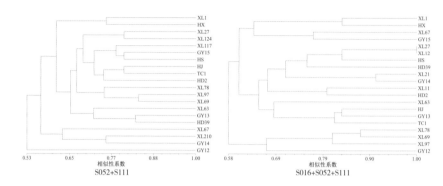

图 3-21 基于不同 SSR 分子标记位点的油茶主推良种和重要种质间亲缘关系

　　将各油茶主推良和重要种质在 S016 和 S052 两个 SSR 分子标记位点的多态性等位基因有无按照 1/0（1 为有，0 为无）进行标注，获得该品种的基因型 1/0 数据矩阵（图 3-22）。

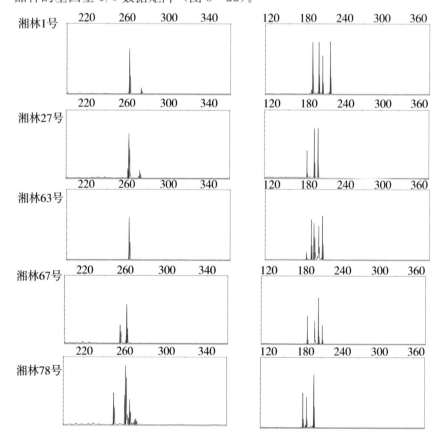

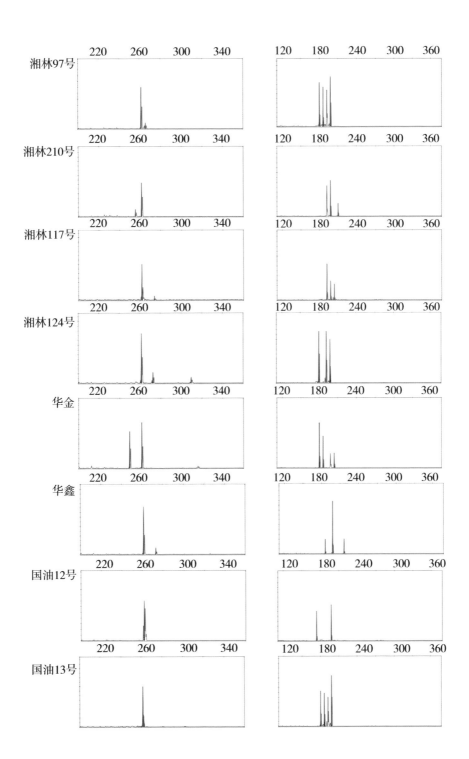

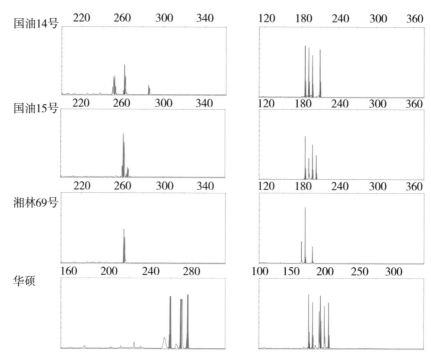

图 3-22　基于 S016 和 S052 分子标记位点的油茶主推良种和重要种质指纹图谱

根据油茶主推良种和重要种质等位基因的 1/0 数据矩阵，将二进制转化为十进制，获得如下 DNA 指纹图谱（表 3-11）。

表 3-11　基于 S016 和 S052 分子标记位点油茶主推良种和重要种质的 DNA 指纹图谱

品种	S016	S052	指纹图谱
湘林 1 号	20	045	20045
湘林 27 号	20	088	20088
湘林 63 号	16	124	16124
湘林 67 号	48	046	48046
湘林 78 号	92	104	94104
湘林 97 号	24	120	24120
湘林 210 号	48	026	48026
湘林 117 号	24	028	24028

品种	S016	S052	指纹图谱
湘林 124 号	25	088	25088
华硕	88	058	88058
华金	80	220	80220
华鑫	24	108	24108
衡东大桃 2 号	16	060	16060
常德铁城一号	16	120	16120
国油 12 号	16	041	16041
国油 13 号	16	093	16093
国油 14 号	82	076	82076
国油 15 号	88	200	88200
湘林 69 号	16	108	16108
衡东大桃 39 号	16	104	16104

6. 油茶主推品种分子鉴别

通过对湖南省油茶主推良种及重要种质的叶片、果实和种籽形态特征表型性状进行系统调查和统计分析，不同品种间表型性状存在一定的遗传变异，通过不同表型性状的极端差异，可以辅助鉴别其中部分油茶主推良种及重要种质。

通过筛选获得了 8 对能稳定、高效扩增的 SSR 分子标记位点引物序列，并对 20 个湖南省油茶主推良种及重要种质的基因型进行了检测，能够完成参试品种的鉴别，并通过进一步简化检测过程，可以仅通过 2 个 SSR 分子标记位点的基因型即完成参试品种的鉴别，并获得了基于 S016 和 S052 的 DNA 指纹图谱（图 3 – 23）。

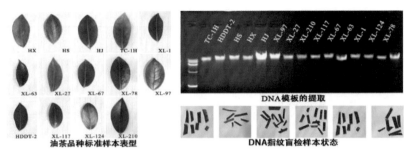

图 3‑23　油茶主推良种 DNA 指纹图谱

为了使油茶良种苗木品种鉴别技术体系更加精准、高效，系统地针对国家林业局与各省级审（认）定的油茶良种，建立分子标记基因分型体系，构建 DNA 指纹图谱，并建立油茶主推良种苗木品种鉴定平台，以指导待检油茶苗木等的品种鉴别。湖南省林业局组织中南林业科技大学、省林科院等单位，研究获得油茶全基因组数据，并在此基础上成功构建出湖南省主推的 14 个油茶品种 DNA 指纹图谱，制定出从样品采集、标签、运输、管理、DNA 提取、基因差异检测、线上出具指纹鉴定报告等各个环节的技术规范（图 3‑24）。

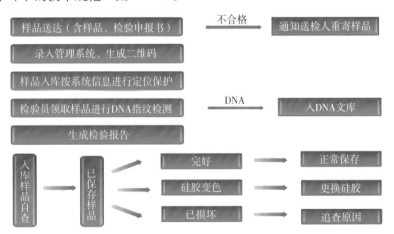

图 3‑24　油茶主推良种 DNA 指纹图谱鉴别检测流程

第四章　油茶造林技术

　　油茶适应能力强，但必须要有配套的栽培技术才能充分发挥其良种的增产潜力，否则不但难以达到增产丰收的目的，而且树体容易出现早衰退化现象。所以，油茶栽培技术要把握好以下几个关键环节。

第一节　林地选择

　　普通油茶的适应性较强，生态幅较宽，在我国南方 15 个省（区、市）的低山丘陵地区宜林荒地均可栽培。油茶造林地是油茶种植后最重要的环境，直接关系到油茶生长和高产稳产。因此，依据油茶的生物学特性选择适宜的林地有利于油茶的生长和经营。造林前首先要开展林地调查，对拟开发建设的林地总体状况进行调查与评估。主要包括：

　　①土壤状况，包括土壤养分、水分、质地及其相关的土壤理化性状等。②气象因子，包括温度、降水量、蒸发量、无霜期、年日照时数、太阳辐射、最高温度、最低温度、平均气温、≥10℃积温、全年降水量、汛期降水量和平均风速等。③环境因素，如空气质量、水质、源地、地下矿物质含量、周边工厂潜在污染源，等等。④当地社会环境因素，如交通、人居点、社会经济情况、劳力资源、市场潜力，等等。

　　一、环境条件

　　选择生态环境条件良好，远离污染源的丘陵低山红壤、黄壤地区；选择交通便利、排水良好、土壤较肥沃、相对高度 200 m 以下、光照充足、25°以下的斜坡或缓坡。油茶适宜栽植于阳坡、半阳坡，要避开有西北风和北风侵害的地段。

　　通常按我国中部、东部、南部、北部、西南部、云贵高原和海南岛屿或者"三带九区"划分油茶适生区域，主要栽培区宜选择海拔 800 m以下的低山丘陵作为油茶造林地；北部和西南部栽培区宜选择海拔在400 m 以下的丘陵地或山腰缓坡地作为油茶造林地；南部栽培区宜选择海拔 700 m 以下的赤红壤、红壤、黄壤等且光照充足的斜坡或缓坡造林；西南高原栽培区宜选择海拔 1800 m 以下的微酸性缓坡地作为油茶造林地。我国中部、南部和东部适生区，是油茶的中心产区，更适宜选择海拔高度为 100～500 m 的丘陵、山岗和平原地区且阳光充足的阳坡和半阳坡，坡向以南向、东向或东南向为好，所选林地要开阔，无寒风，坡度角以 25°以下的中下坡为宜。要尽量避免选择高山、长陡坡、阴坡、积水低洼地和油茶林重茬地。

二、土壤条件

油茶性喜光，喜温，喜酸性土，忌严寒酷暑和碱性土。虽然油茶对造林地要求不严格，在我国南方红壤、黄壤上均能生长，凡生长有映山红、铁芒萁、杉木、茶树、马尾松等植物的丘陵、山地，都可选为油茶造林地，但是要保证油茶早实、高产和稳产，就必须满足它生长发育所需的温度、水分和肥力条件。因此，山地油茶林地应选择交通便利、排水良好、较肥沃、疏松的酸性壤土或轻黏土，土壤有效土层厚度 60 cm 以上，地下水位在 1 m 以下，pH 值 4.0～6.5 的红壤等。选择过程中要避免一些土层浅薄、多石砾、破碎不连片的林地，尽可能选用土层深厚、酸性至微酸性的缓坡地（图 4-1）。

适宜林地（土层深厚）　　不适宜林地（土层浅薄）　　不适宜林地（土层浅破碎）

图 4-1　油茶造林地选择示意图

第二节　林地规划

营造油茶林之前，对山林面积要进行全面的规划设计，宜农则农，宜林则林，宜牧则牧。在宜林荒山里，要根据当地的实际情况，按照油茶生态和生物学特性的要求，在适宜发展油茶的地区，有计划地建立中小规模的油茶生产基地。规划时，应尽量集中连片，以便于油茶林的经营管理和收摘加工。同时，还要根据地形、地势和地貌，划分林班和小班，规划好公路、林道和作业区等。这样既便于交通运输，又利于机械操作。有条件和能够创造条件的地方，还要考虑灌溉自流化和蓄水、抗旱的设施。

一、栽植密度

栽植密度依据油茶生物学特性、坡度、土壤肥力和栽培管理水平等情况而定，做到合理密植。原则上"好地宜稀，差地宜密"。过去为了早实丰产选用 2.0 m×3.0 m、每亩 110 株的栽植密度，虽然实现了一定程度的早期丰产的目的，但经过近年的实践，后期林分郁闭度过高，不利于持续的丰产稳产。因此，推荐良种油茶新造林的造林密度降低到 53～74 株/亩更为合理。

纯林栽植密度宜采用株行距 2.5 m×3.0 m、3.0 m×3.0 m 或 3.0 m×4.0 m。

实行间种或者为便于机械作业，栽植密度株行距以 2.5 m×4 m、2.5 m×5 m、3 m×4 m 和 3 m×5 m 等为宜（图 4-2）。

图 4-2 栽植密度示意图

二、小区规划

林地确定以后，根据园地规模、地形和地貌等条件，设置合理的道路、排灌系统、防护和管理设施，两林道之间相隔 100 m 为好，并将园地测绘成图。

根据地形和造林地面积大小，采用 1∶10000 比例尺地形图将造林地范围、面积及大区、道路等测绘成图。大区顺沿山势，小区根据生产实际需要进行划分，小区面积一般为 1～10 亩。

三、林区道路

为了便于生产管理和后续经营，根据立地条件的地形和造林面积大小，对林地进行分区，合理配置相应规模的主干道、支干道、作业道。这些道路同时可以作为小区和林班的划分标识。主干道宽度 3.0～3.5 m，支干道 1.5～2.0 m，作业道 0.8～1.0 m（图 4-3）。

图 4-3　造林地道路

四、排灌设施

小区林道两侧，设置排水沟；林地梯内水平方向设置横向排水沟，纵横相通。根据生产需要设置相应的灌渠和蓄水池、水平竹节沟等，设置一定数量的沉沙池及护坡（图 4-4）。

排水沟　　　　　　　　　　　　蓄水池

图 4-4　油茶林地的排灌设施

五、防护和管理设施

在林地四周设置生物隔离带、防火林带等防护设施。在规模经营条件下，可以配置一定的管护仓库、晒坪等配套基础设施。管护棚按每 500 亩设置 20 m² 油茶林。

第三节 整地

一、整地时间

整地工作在造林前3～4个月进行，素有"秋季整地，冬季造林；冬季整地，来春造林；夏伏整地，秋季造林"的说法。目前油茶中心产区的新林地通常宜选用"秋季整地、冬季造林"方式。

二、整地方式

根据林地坡度大小，可采用全垦、带垦、穴垦等方式整地，结合林地道路和排灌系统的设置，应在山顶、山腰和山脚部位保留原有植被。因为保留的原有植被可减少雨水对造林地的冲刷。

1. 全垦整地

小于10°的缓坡宜用全垦整地（图4-5）。

整地时顺坡由下而上挖垦，并将土块翻转使草根向上，防止其再成活，挖垦深度25 cm以上。全垦后可沿等高线每隔4～5行设置一条拦水沟，宽度和深度在50～80 cm之间，可以减少地表径流，防止水土流失。

图4-5 全垦整地

2. 带垦整地

坡度10°～25°的林地适宜带垦整地（图4-6、图4-7）。

按等高线挖水平带，由上向下挖筑内侧低、外缘高的水平阶梯，内外高差 10～20 cm，梯面宽 1.5 m 以上。阶梯内侧挖宽深各 20 cm 左右的竹节沟，以利于蓄水防旱和防止水土流失。

图 4-6　带垦整地

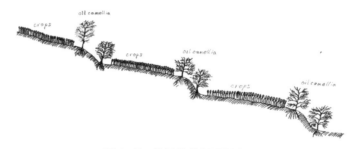

图 4-7　带垦整地剖面示意图

3. 穴垦整地

坡度较陡，坡面破碎及"四旁"造林时适宜穴垦整地。先拉线定点，然后按规格挖穴，表土和心土分别堆放，先以表土填穴，最后以心土覆盖在穴面。株间距离要根据地形和栽培密度而定（图 4-8）。

图 4-8　穴垦整地

第四节　施基肥

油茶新造林施基肥是提高造林成活率和获得丰产稳产的重要环节，要与林地整理和挖大穴相结合。肥料种类适宜用各种有机肥，不宜施尿素、复合肥等速效化肥。

一、施肥时间

基肥在造林前1~2个月施入，一般在11月下旬至翌年2月，结合挖大穴进行。

二、施肥量

每穴施专用有机肥10 kg、钙镁磷肥0.5 kg。农家肥要充分堆沤腐熟，专用有机肥的有机质含量≥45％，氮、磷、钾总量≥5％。

三、施肥方法

在定植点挖穴，规格为60 cm×60 cm×60 cm。基肥应施在穴的底部，与底土拌匀，然后回填表土覆盖，填满为止，用心土铺在栽植穴表层，呈馒头状，土堆高出地面15 cm左右，待沉降后栽植（图4-9）。

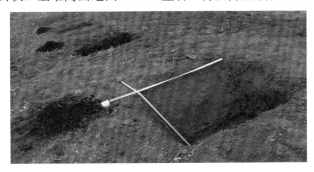

图4-9　挖大穴施基肥

第五节　种苗选择

一、品种设计

选择通过国家或省级林木良种审定委员会审（认）定的优良品种、

优良无性系和优良家系，采用经省级及以上审（认）定的具有"三证一签"（苗木生产经营许可证、苗木质量合格证、苗木检疫证、种子标签）的油茶良种苗木。无性繁殖的种苗，优先选择采用芽苗砧嫁接培育的苗木。

一般选用授粉亲和力好、花期与果实成熟期一致的高产、稳产、高抗、优质油茶主推品种或区域推荐品种2个以上进行造林设计，要求分品种块状混交造林，也就是每个品种单独成行或小班、小块，品种间配置相应组合，方便授粉从而实现丰产稳产。

优先采用2022年国家林草局印发的《全国油茶主推品种和推荐品种目录》的主推品种和推荐品种。

二、苗木的质量

当前苗木培育包括裸根苗和容器杯苗，推荐采用2年生以上的高规格容器杯苗造林。壮苗一般需要满足以下指标：

1. 裸根苗

裸根苗要求2年生一级苗，苗高40 cm、地径0.35 cm以上，根系发达，长15 cm的侧根5条以上（图4-10），具体指标见表4-1。

图4-10　油茶2年生裸根苗

表 4 - 1 油茶裸根苗合格苗木等级规格指标

苗木类型和育苗方式	苗木等级											综合指标
	I 级苗					II 级苗					I、II 级	
	苗高/cm ≥	地径/cm ≥	根系			苗高/cm ≥	地径/cm ≥	根系			苗百分比/%	
			≥5cm 长 I 级侧根数量/条 ≥	侧根长度/cm ≥	主、侧根分布			≥5cm 长 I 级侧根数量/条 ≥	侧根长度/cm ≥	主、侧根分布		
2 年生嫁接裸根苗	40	0.40	6	15	主根发达、侧根均匀，舒展。	30	0.30	4	10	主根明显、侧根均匀。	85	无检疫对象，色泽正常，生长健壮，充分木质化，无机械损伤。

续表

苗木类型和育苗方式	I级苗					II级苗					I、II级苗百分比/%	综合指标
	苗高/cm≥	地径/cm≥	根系			苗高/cm≥	地径/cm≥	根系				
			≥5cm长I级侧根数量/条≥	侧根长度/cm≥	主、侧根分布			≥5cm长I级侧根数量/条≥	侧根长度/cm≥	主、侧根分布		
2年生扦插裸根苗	40	0.35	5	15	有3个以上大根>15cm，侧根均匀、不偏。	25	0.30	3	10	有2个以上大根深>10cm，侧根均匀、不偏。	85	无检疫对象，色泽正常，生长健壮，充分木质化，顶芽饱满，无机械损伤。

2. 容器苗

容器苗苗高 30 cm、地径 0.3 cm 以上，根球完整，侧根发达均匀，不结团（图 4－11），具体指标见表 4－2。

2 年生容器大苗；1 年生容器大苗；3 年生容器大苗

图 4－11　1～3 年生油茶容器杯苗

表 4－2　油茶容器苗等级规格指标

苗木类型	苗木等级						容器规格	综合指标
	Ⅰ级苗			Ⅱ级苗				
	苗高/cm	地径/cm	分枝数/个	苗高/cm	地径/cm	分枝数/个		
	≥	≥	≥	≥	≥	≥		
2 年生容器苗 扦插苗	30	0.30	—	20	0.25	—	高度 10～16 cm，口径 6～12 cm	容器完好，土球（基质）完整、不松散，主根不穿透容器。无检疫对象，色泽正常，生长健壮，顶芽饱满，充分木质化，无机械损伤。
嫁接苗	40	0.35	—	25	0.25	—		
3 年生容器苗 嫁接苗	65	0.75	3	55	0.55	3	高度 15～22 cm，口径 12～20 cm	

注：因生产上很少使用 1 年生扦插苗和嫁接苗、3 年生扦插苗选，因此表中未体现。

第六节　定植技术

一、轻基质容器苗造林技术

轻基质容器杯苗定植造林时，在已施好基肥回填穴上，挖与根团大小相应的定植穴，将轻基质容器苗放入定植穴内，苗木嫁接口与地表持平，回填定植土或用已清除石块土砾的细土回填，用手将容器苗四周压实，覆盖一层松土。定植后浇透定根水，培蔸覆盖。

定植时应注意选择雨季造林，造林时将容器浸湿，栽植坑宜小，坑底要平，以保证容器底与坑底结合紧密。回填土要从容器周边向容器方向四周压实，切不可向下挤压容器，使土壤与容器紧密结合，这时切忌大力敲打破坏苗木根系土球，否则会损伤根系影响成活。容器上面覆盖3～4 cm厚的土（图4-12、图4-13）。

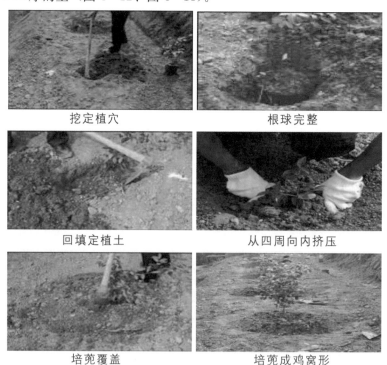

挖定植穴　　　　　　　　　　根球完整

回填定植土　　　　　　　从四周向内挤压

培蔸覆盖　　　　　　　　培蔸成鸡窝形

图4-12　容器苗种植示意图

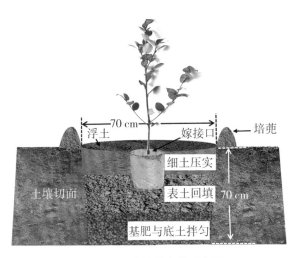

图 4-13　油茶苗定植示意图

二、裸根苗造林技术

裸根苗定植时，适当剪去苗木过长的主根，提倡用生根粉泥浆蘸根栽植。挖定植穴，安置和扶正苗木，使根系舒展，苗木嫁接口与地表持平，回填定植土，分层压实，确保苗正、根舒、土实。定植后浇透定根水，培蔸覆盖（图 4-14）。

生根粉泥浆蘸根

回填定植土

分层压实

培蔸成鸡窝形

图 4-14　裸根苗种植示意图

裸根苗定植时应选择阴雨天或下透雨后造林，做到随起苗随造林，远距离运输过程中要注意保湿；避免苗根直接与基肥接触；栽苗量较大时，栽植不完的苗木要开沟假植。

　　在事先标好的定植点，定植时最好能在根蔸处加拌一些细土、黄心土、火土灰、磨细的稻田土或肥沃的培泥土作定植土，将苗木根系自然舒展开，加土分层压实，栽植嫁接苗时可使嫁接口与地面齐平，浇透水使根系与土壤紧密结合，做到根舒、苗正、土实。在标记定植点时，应按原设计的密度和株行距，整齐排列在林地上。有坡度的优先按水平梯布行，有利于造林后的植物生长和日常管理（图4-15）。

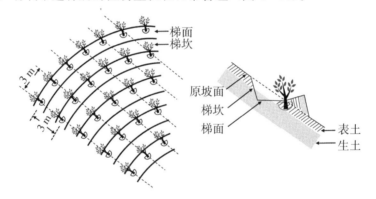

图4-15　油茶水平梯带造林布局示意图

第五章　油茶林地管理技术

随着油茶经营水平的不断提高和经营理念的持续更新，油茶的经营已从过去的"露水财"式粗放经营逐步转向高效的园艺化集约经营。油茶林地管理应针对幼林期和成林期不同的生长阶段采取不同的管理措施。油茶幼林管理是指从定植后到进入盛果前期的阶段，油茶嫁接苗一般为造林后1～5年，根据油茶经营上的经济寿命可分为幼龄期和始果期两个阶段。幼龄期是指油茶上山造林以后至始果期，一般为1～3年，以营养生长为主，构成树体；始果期为开始挂果至盛果期，一般为造林后3～5年，结果量逐年增加，营养生长和生殖生长同时进行，需要大量养分和水分。此时期的管理特点是促使树冠迅速扩展，培养良好的树体结构，促进树体养分积累，为进入盛果期打下基础。油茶成林管理是油茶树体基本成形，进入稳定投产期阶段，一般为造林6年后，油茶盛果期一般可持续30～50年，这个时期是油茶高产、稳产的关键时期，管护措施的重点是调节营养生长和生殖生长的平衡，达到提高产量、持续稳产的目的。

第一节　除草抚育

一、幼林除草抚育

造林后的幼林期间，每年除草培蔸2次，第一次在5月，第二次在9月。可选择机械除草或人工清除，也可选用地表覆盖技术，但严禁使用除草剂。

提倡人工结合机械除草。采用锄抚，铲除树蔸周边60 cm的杂草，随着树龄增大，范围逐年增加，靠近油茶树体的杂草用手拔除，防止松动或损伤油茶根系，并用草皮土倒覆在幼树周围，苗基外露时还从圈外铲些细土培于基部（图5-1）。树蔸60 cm以外的可采用割灌机刈割，低矮草可以保留，提高林地植被覆盖度，减少水土流失。

7—8 月高温干旱时段不宜在根际松土除草，若杂草生长过快并覆盖住苗木，可劈掉过高杂草，露出苗木。

图 5-1　油茶幼林除草

二、土壤垦复改良

为了促进土壤熟化，改良土壤理化性状，满足树体对养分的大量需求，改善油茶根系环境，扩大根系分布和吸收范围，提高其抗旱、抗冻能力，保持丰产稳产，需隔年对土壤进行深翻改土，一般在 3—4 月或秋冬 11 月结合施肥进行。在树冠投影外侧深翻 30～60 cm；为避免过量伤根时也可分年度对角轮换进行，以 2～3 年完成一周期。深翻时要注意保护粗根（图 5-2）。

图 5-2　油茶土壤垦复改良

油茶成林抚育管理主要是配合水肥管理和树体培育开展的林地杂草清除、土壤翻耕改良和修复整理等相关事宜。通常"三年一深挖，一年一浅锄"。每三年林地内深挖 1 次，深度 20～25 cm。每年秋季中耕除草 1 次，林地浅锄 10 cm 左右，坡面用刀铲除杂草。但随着劳动力成本持续升高，应该不断采用割灌机、垦复机、旋耕机、施肥机等农用机械，加大机械化和新技术的应用力度，减少纯劳力挖垦的人工投入成本。

第二节　水肥管理技术

一、施肥技术

油茶具有"抱籽怀胎"和"花果同期"的鲜明特点，周年花果不离枝，因此，做好肥水管理是确保高产稳产的关键。通常每年施肥 2 次，冬肥以有机肥为主，目的是改良土壤根际环境，壮根促势，春肥以速效肥为主，目的是促春梢。据研究发现，70％的新生叶片和90％的果实均着生在春梢上，所以春梢生长直接与树体生长和开花结果有密切关系。

幼树期以营养生长为主，施肥则主要以氮肥，配合磷钾肥，栽植当年 5 月以施氮肥为主的复合肥。第 2 年其 3 月～4 月施复合肥。11 月～12 月施有机肥。每 3 年施 1 次有机肥。施肥量见表 5-1。

表 5-1　油茶良种丰产林施肥推荐

栽植树龄	复合肥施肥量/（kg/株）	有机肥施肥量/（kg/株）
第 1 年	0.05	—
第 2 年	0.05～0.15	—
第 3 年	0.05～0.2	5～10
第 4 年	0.2～0.3	—
第 5 年	0.3～0.5	—

油茶幼林施肥　　　　　　　　油茶成林开沟施肥

图 5-3　油茶幼林和成林施肥

　　油茶盛果期一般可持续 30～50 年，生长重心已由营养生长向生殖生长转变，树枝生物量高于树干，枝繁叶茂。盛果期为了适应树体营养生长和大量结实的需要，施肥要氮磷钾合理配比。一般冬季（11 月至翌年 1 月）施有机肥，早春以速效肥为主，夏季以磷钾复合肥为主。大年增施有机肥和磷钾肥，小年增施磷氮肥。

　　3—4 月施复合肥（氮、磷、钾总量≥30%，富含钙、镁、锌、硼等微量元素）0.5～1.0 kg/株，每 2 年在 11 月—12 月施有机肥（有机质含量≥45%）5～10 kg/株。对于成林中挂果量较大的，营养亏缺的树体，施保果肥，于每年 6 月追施磷钾复合肥 0.3 ～0.5 kg/株，长时间高温干旱时不宜施肥。施肥时通常沿树体投影线挖 10～20 cm 深的施肥沟，将肥料放入拌匀。施肥沟形状可分为点状、条状和环状等，见图 5-4。

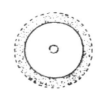

点状施肥　　　　　　　条状施肥　　　　　　　环状施肥

图 5-4　施肥方法示意图

　　在根际施追肥的基础上，还可根据年情、土壤条件和树体挂果量适当增施一些叶面肥，对促花保果，调节树势，改善品质和提高抗逆性大有帮助。叶面施肥多以各种微量元素、磷酸二氢钾、尿素和各种生长调节剂为主，用量少、作用快，宜于早晨或傍晚进行，着重喷施叶背面效果更好。

二、水分管理

油茶大量挂果会消耗大量水分，长江流域一般是夏秋干旱，7—9月的降水量大多不足 300 mm，而此时正是果实膨大和油脂转化时期，水分不足影响果实生长及油脂形成，俗称"七月干球，八月干油"。漆龙霖等研究认为，当油茶春梢叶片细胞液浓度≥19%时，或土壤平均含水量≤18.2%、田间持水量≤65%时，油茶已达到生理缺水的临界点，这时合理增加灌水可增产30%以上，如果叶片细胞浓度达到25%～28%时，叶片开始凋萎脱落。同时，油茶是不耐水植物，在春天雨季时要注意防水涝。

油茶产区夏秋干旱，容易导致果实生长不良、自然落果、果实含油量下降等，随着经营水平的逐步提高，油茶林地的水分管理已从自然降雨、人工浇灌等传统方式逐步发展到自动喷灌、微喷、滴灌等（图5-5）。

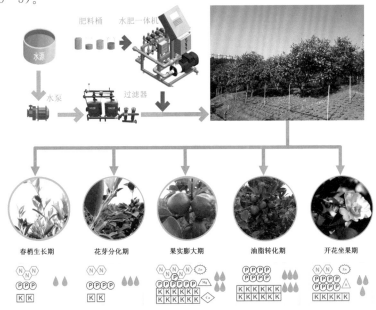

图5-5 油茶水肥一体化示意图

第三节　油茶林放蜂技术

　　油茶林放养蜜蜂技术是由中国林科院林业研究所等单位联合研究成功的新技术，通过多次试验，找到了蜜蜂中毒的原因和解毒的方法，筛选出了"解毒灵"1号、2号和6号等多种高效廉价解毒药，并在此基础上研制出"油茶蜂乐"等蜂王产卵刺激剂。湖南省还通过深入研究，筛选出了适合油茶林的蜂种，如中国黑蜂、高加索蜂和高意杂交蜂等，只要采取系统的技术措施，不但增加油茶产量35%以上，而且每亩每年可产蜂蜜8~15 kg，还可节省大量的喂养蜂群越冬的蜂糖（图5-6）。

图5-6　油茶林放蜂辅助授粉

第六章 油茶树体培育技术

树体培育和修枝整形在较多果树栽培上得到较好的应用，修剪整形也是实现油茶高效栽培的一项必不可少的技术措施。修剪对新梢生长的促进、油茶产量及抗病性的提高已被许多研究所证实。研究证明，通过科学修剪，可以提高油茶产量26%～91.9%，有效调节大小年波动，通过修剪使枝叶空间分布更合理，可以充分利用光能，新梢平均长度增加1.21 cm，平均粗度增加0.35 mm，枝叶平均数增加0.27片，有效芽数增加0.38个，软腐病和炭疽病发生率降低18%～78.0%。

第一节 幼林树体培育技术

幼树是以树体营养生长为主，培育过程中的修剪以轻剪为主。基本思路是：定干，培育主枝、副主枝和侧枝群等。

油茶定植后，当树干高度达到80 cm以上，侧枝已经形成，且有一定的数量和层次时进行首次定干整形，视树的长势，一般在栽植后2～3年进行，三年生容器大苗可适当提前。

一、幼树修剪特点

油茶在树体内条件适宜时，具有内膛结果习性，要注意在树冠内多保留枝组以培养树冠紧凑，树形开张的丰产树形。要注意摘心，控制枝梢徒长，并及时剪除扰乱树形的徒长枝、病虫枝、重叠枝和枯枝等（图6-1、图6-2）。

| 整形定干 | 第一年冬剪 | 第二年冬剪 | 油茶树冠结构 |

图6-1 修剪方法示意图

图 6-2　油茶幼林修剪

二、树体培育的基本步骤

1. 定干与骨架构建

栽植后当苗高 60 cm 左右时适当保留主干，对单干直立幼苗要及时打顶促分枝。第一年在 20～30 cm 处选留 3～4 个生长强壮，方位合理的侧枝培养为主枝；第二年再在每个主枝上保留 2～3 个强壮分枝作为副主枝；第 3～4 年，在继续培养正副主枝的基础上，将其上的强壮春梢培养为侧枝群，并使三者之间比例合理，均匀分布。

2. 打顶

在幼树阶段，当小苗长到 50 cm 左右时，对一些长势较强的顶梢，要注意适当摘心，控制顶梢生长，促发侧枝。打顶可在 5—10 月进行，可摘掉生长旺盛的顶芽或梢尖，保留其下的几个弱芽。

3. 下垂脚枝清理

4 年生以上的幼树，每年定期清理 20 cm 以下的侧枝，及时剪除过分重叠、下垂和荫蔽枝。

4. 摘除花苞

幼树前 3 年需摘掉花蕾，避免挂果，维持树体营养生长，加快树冠成形。

第二节　成林修枝整形技术

油茶修剪多在采果后和春季萌动前进行。油茶成年树多以抽发春梢为主，夏秋梢较少，果梢矛盾不突出。春梢是结果枝的主要来源，要尽量保留，一般只将位置不适当的徒长枝、重叠交叉枝和病虫枝等疏去，尽量保留内膛结果枝。

一、油茶成林修剪特点

油茶挂果数年后，一些枝组有衰老的倾向，或因位置过低或过里而变弱，且易于感病，应及时进行回缩修剪或从基部全部剪去，在旁边再另外选择适当部位的强壮枝进行培养补充。保持旺盛的营养生长和生殖生长的平衡。对于过分郁闭的树形，应剪除少量枝径 2~4 cm 的直立大枝，开好"天窗"，提高内膛结果能力。

二、油茶成林修剪基本步骤

油茶修剪是个技术活，根据不同品种和栽培模式，确定相应的树形，需要每个人不断实践和思考才能完全掌握，但基本原则可概括为清脚枝、定主干、搭骨架和开天窗四个环节。

1. 清脚枝

油茶成林下脚枝多，这些枝条生长位置过低、受光不足、坐果率低，消耗养分甚多，而且影响中耕垦复，应及时剪去。有些下垂枝长势尚好，又长有果实，可暂时保留，待果实采收后再剪去，也可在分枝处剪去下垂部分，使枝条回缩。一般壮龄期、土壤瘠薄的油茶林，修剪强度不宜过大；老林、土壤肥沃的可适当重剪。

2. 定主干

根据当前油茶常见丰产树形，自然圆头形、开心形和分层枝组形，其主干布局是明显不同的，因此，可根据各品种特性，科学选择，合理修剪。

（1）自然圆头形

全树保留 4～6 个主枝，错落排列在中心主干上；主枝之间的距离为 50～60 cm，主枝与中心主干的夹角为 50°～60°；每个主枝上着生 2～3 个侧枝，侧枝在主枝上要按一定的方向和次序分布，第一侧枝与中心主干的距离应为 40～50 cm，同一主枝上相邻的两个侧枝之间的距离约为 40 cm；骨干枝不交叉，不重叠（图 6-3）。

图 6-3　自然圆头形

（2）开心形

全树 3～5 个主枝轮生或错落着生在主干上，主枝的基角为 40°～50°，每个主枝上着生 2～4 个侧枝，同一主枝上相邻的两个侧枝之间的距离为 40～50 cm，侧枝在主枝上要按一定的方向和次序分布，不相互重叠（图 6-4）。

图 6-4　开心形

（3）分层枝组形

在中心枝干上，定干高度为 40～60 cm，选 5～7 个主枝，第一层主枝一般为 3～5 个，三个主枝的水平夹角应是 120°，与中心枝的夹角为 60°～65°，三个主枝的层内距应为 60～70 cm，且要错落排列开，避免邻接，防止主枝长粗后对中心枝干形成"卡脖"现象。选留第二层主枝，层间距为 60～80 cm，数量 2 个。第一层主枝上选留 3～5 个侧枝，第二层主枝上选留 2～3 个侧枝，第三层主枝上选留 2 个侧枝。选留侧枝时，侧枝与主干的距离应为 50～80 cm。侧枝与主枝的水平夹角以 45°左右较理想，基部三个主枝上选留的靠近中心枝干的第一侧枝，要选主枝的同侧方向，避免出现"把门侧"（图 6-5）。

图 6-5　分层枝组形

3. 搭骨架

在每个主枝上保留 2～3 个强壮分枝作为副主枝；在副主枝的基础上，将其上的强壮春梢培养为侧枝群，并使三者之间比例合理，均匀分布。

修剪后，树体结构实现"小枝多、大枝少"，枝条分布合理、均匀，内部通风透光，需提高光能利用，上下内外都开花，形成立体结果的骨架结构。在每次修剪时，及时剪除枯枝、病虫枝、徒长枝、过密枝、平行枝、重叠枝和交叉枝。做到枝条不交叉、不过密、不重叠，分布均匀，留着必有用，无用则不留。

4. 开天窗

对于过分郁闭的树，应剪除少量枝径 2~4 cm 的重叠的直立大枝，开好"天窗"，提高内膛结果能力。如树冠外围的枝条过于密集，可及时回缩和疏除。多年生下垂枝通过回缩修剪抬高角度，改善内膛的通风透光条件，达到"外围不挤，内膛充实"的目的（图 6-6）。

图 6-6　成林树体培育"开天窗"

三、常见的几种修剪方法

1. 结果枝的修剪

一般情况下，只修剪特别细弱、交错、过密和有病虫的结果枝或枯死结果枝。修剪强度不宜过大（图 6-7）。

图6-7　油茶结果枝的修剪

2. 下垂枝的修剪

壮龄期、土壤瘠薄的油茶林，修剪强度不宜过大；老林、土壤肥沃的可适当重剪。有些下垂枝长势尚好，又长有果实，可暂时保留，待果实采收后再剪去，也可在分枝处剪去下垂部分，使枝条回缩（图6-8）。

图6-8　油茶下垂枝的修剪

3. 徒长枝的修剪

徒长枝是指生长过旺，发育不充实的枝条。表现为直立、节间长、叶片大、枝条上的芽不饱满、停止生长晚。生长在树干或其他枝叶密生的主枝上的徒长枝应全部剪去。若生长在主枝、副主枝受损伤的地方则可以保留，利用徒长枝来更换树冠，延长结果年限。一般采取疏删修剪，如未发出新的侧枝前不要短截；如已发出侧枝，可在要保留的分枝处短截（图6-9）。

图 6-9　油茶徒长枝的修剪

4. 重叠枝的修剪

上层骨干枝上的侧枝采取"打吊不打翘"的原则，即回缩或剪去向下生长的下垂侧枝或枝组，保留水平和斜向生长的侧枝或枝组。下层骨干枝则相反，即回缩或剪去较直立而生长旺的侧枝或枝组，保留向两侧生长和向下生长的侧枝或枝组。

5. 交叉侧枝的修剪

采取去弱留强，去密留匀，剪横留顺，删直留斜等剪法。上下两层交叉时，原则上是上让下，回缩上部枝给下部枝留出生长空间或除外留里充实内部空间。

6. 丛枝或过密枝的修剪

修剪方法与交叉侧枝基本相同，应去弱留强，去密留匀，疏剪缩剪并用。

树冠上部和外围各级骨干延伸枝组，均应保持一定的距离。应疏去过密的延伸枝组、过强的徒长枝、生长姿态不良和延伸方位不好的枝等。侧枝上的枝组排列应后部大前部小，前枝不挡后枝。若弱枝丛生在一个基枝先端一并剪去。

第三节　老林复壮技术

对原产量高、品种好但树体衰老的油茶林采用截干复壮的方法更新。

复壮更新方式有截干更新、截枝回缩留骨更新2种。

截干更新。即在油茶树休眠的冬季或早春，于离地10～20 cm处的树干基部锯断，使其萌发新枝，待萌条长出后，选留长势最旺的萌条2～3根培养主枝，其余的除去。3～4年后，即可更新形成健康壮实的新树体，重新结果投产。

截枝回缩留骨更新。在冬季或早春，对衰老油茶树进行留主枝和副主枝的截枝回缩，剪去其余所有枝条，仅留树体骨架，骨干枝完全暴露。这种更新一般2～3年即可恢复树冠，重新投产（图6-10）。

图6-10 油茶树截枝回缩留骨更新

第七章　油茶农林复合经营技术

　　油茶农林复合经营是基于抚育管理好油茶林，确保林地生态良好，有利于充分利用林地土壤及空间等资源而开展种养活动的经营模式。油茶作为一种常绿树种，且大部分是纯林，由于种植密度小，特别是幼林早期地表空置面积大，林下光照较充足，通过发展油茶林间种蔬菜、中药材、粮油作物、牧草等种植业和养殖蜜蜂、土鸡、鹅等养殖业，实现一地多用，既能有效实现油茶林高产抚育，又能增加油茶林地产出，提高经济效益。在生态效益上，可产生长期的正向效果：一是使林地植被具备多层次结构，高效利用光照，增加地表覆盖，减少土壤水分蒸发，有利于保持水土，涵养水源；二是能增加耕作层深度，加速土壤熟化和有机质的积累，提高土壤肥力；三是有效防控病虫草害，减少除草剂、杀虫杀菌化学药剂的使用；四是为油茶林地休闲旅游提供观赏、采摘、品赏、农产品等服务。

第一节　农林复合经营原则

一、油茶林农林复合经营原则

　　油茶林地环境大多表现为：土壤酸性、贫瘠、易板结，春季多阴雨、夏季多暴雨、秋冬季多干旱，成林树冠底部距地空间少。

　　油茶农林复合经营的目标是提升油茶的综合产值，必须在确保油茶生产经营不受干扰的前提下，进一步增加油茶林地的产出，其主要目的依然是实现油茶林的早实丰产。在选择林下种植植物类别及品种时，在具体市场前景和经济价值的基础上，宜遵循以下原则：

　　1）与油茶竞争地面上层空间，不宜间种乔木、高大果树、藤本植物、高秆作物，果树、观赏林木或经济林木可作隔离带。

　　2）不与油茶争地下空间，不宜种深根植物。

　　3）不能种植与油茶有较多的共生病虫害的植物。

4）不宜种植块根块茎繁殖快或分蘖力强，易转变为恶性杂草的植物。

5）宜选种矮秆、抗倒、抗病、耐旱、耐热的草本植物，选择豆科植物在改良土壤、培肥地力等方面有很好的作用；在幼林期，根据地形及灌溉条件，可种植喜光的蔬菜、中药材；在成林后，可种植耐荫、抗旱的牧草、饲料蔬菜、中药材。

二、油茶林农林复合经营基本要求

在油茶林开展农林复合经营时，种植作物有最基本的要求：

1）根据油茶郁闭度选好耕作带。在缓坡地，宜选向阳面行间作为耕作带，另一面作为抚育行走带，耕作带宽宜为 0.8～1.2 m；梯土一般选择两相邻株间作为耕作带，以梯土外向边作为行走带。新造油茶林耕作带两边排水沟距油茶基部不少于 50 cm，并根据油茶树冠的扩大而相应增加。

2）多施有机肥与磷钾肥。

3）翻耕或收获时，油茶树冠垂直投影区不宜深翻。

4）林地排水通畅，不能积水。

5）适时播种，避免夏秋高温干旱。

6）做好病虫害的农业综合防治，少用农药，不能用剧毒农药。

三、油茶林农林复合经营病虫害防控

油茶林农林复合经营时，所间种作物的病虫害综合防治措施有：

1）土壤、种子消毒处理。

2）冬垦夏锄。冬垦翻土，夏秋除草，消灭病原菌、越冬虫卵。

3）清除病虫株、枝、叶、果等，集中烧毁，防止病虫害蔓延扩展。

4）合理密植，保持通风透光。

5）清沟沥水，防止积水。

6）灯光诱杀成虫等。

第二节　主要作物与复合经营模式

下面我们将重点介绍部分适宜油茶林下种植的、具有加工或典型特色的蔬菜、大宗中药材、粮油作物及牧草的露地栽培技术，促进油茶花授粉的蜜蜂养殖、散养土鸡及放养鹅的技术，简述油茶林下种植与养殖的几种模式。

一、林下种植

油茶林下种植的主要有蔬菜、中药材、粮食油料作物和牧草等。

（一）油茶林下种植蔬菜

如黄花菜、薤头、大蒜等。

1. 油茶林间作黄花菜

黄花菜俗名金针菜、忘忧草，属百合科萱草属多年生三倍体草本植物，供食用的部分为花蕾，具有喜温光、好湿润、畏酸碱、怕黏渍、耐瘠薄干旱等特性。黄花菜对土壤要求不严，以中性或微酸性、质地疏松不黏重、团粒结构好、背风向阳、排水方便的地块为佳（图7-1）。

图7-1　黄花菜

（1）整地施肥

选择1～3年龄油茶林外缘60～80 cm宽的耕作带，以土壤疏松、土层深厚的沙壤土为宜，深耕平整，按行穴距（50～70）cm×（35～

45）cm 开穴，穴深 15～25 cm、宽 20～30 cm；每 40 穴施腐熟猪牛栏粪 50 kg 或发酵好的饼肥 10 kg，复合肥 1 kg，与穴土拌匀，并于穴内撒上一层薄土。

（2）选苗与移栽

黄花菜属无性繁殖，种苗需选用生长 5～6 年的大丛黄花菜头。移栽时，选择晴朗天气，将黄花菜头挖起，再用小刀将菜头切割成单株，每株种苗保留 1～2 层新根，新根长 4～5 cm，其余全部剪去，同时剪掉根豆、根部的黑须根及肉根；每穴植 3～4 株，穴内株距 10 cm 左右，按三角形或正方形排列，种植深度以 10～15 cm 为宜，移栽时，先稍盖土覆蔸，然后施入土杂肥，再浇入稀薄粪水并覆土。

移栽时期除盛苗期至采摘期外，其余时段均可取苗栽种，以白露和立春两个节气较宜，最好在白露栽植。

（3）栽培管理

1）追肥：萌发第 1 次新叶时施春苗肥，抽薹期施催薹肥，结蕾期施催蕾肥，采摘后及时割苗再施越冬苗肥。前 3 次可追施化肥或粪水，以氮肥为主，配合复合肥，最后 1 次施入有机肥；按照"差苗多施、壮苗少施、瘦地多施、肥地少施，晴天水施、雨天干施"的原则巧施肥料。

2）中耕：每次追肥前先进行中耕除草。第 1 次中耕宜深，约 15 cm 深，第 2、第 3 次宜浅，第 4 次中耕应在采收完后抓紧选择晴天土地干燥时进行，青壮龄期深 30 cm 以上，新扩种的只在行间深挖，在近蔸处浅挖。黄花菜叶片对除草剂很敏感，应慎用化学除草剂。

3）堆蔸：黄花菜的根系每年从新生的基节上发生，有渐向上生长的趋势，冬苗冻死后应随即用肥土堆蔸，可加深耕作层，有利于新根生长，新植的不必堆蔸。

4）更新复壮：黄花菜栽植一定年限后，当地上部分成为密集的株丛、地下部产生许多粗短肥大肉质根时就需要更新。采收完成后深中耕时，在老蔸的一边连根挖掉 1/3 分蘖，让其另长新苗，3～4 年后又在另一边挖掉 1/3 分蘖，以后挖掉全部老蔸，重新深翻土地，选苗移栽。

5）病虫害防治：黄花菜病害主要有褐斑病、炭疽病、叶斑病、白绢病、锈病等，虫害主要有红蜘蛛、蚜虫等。防治病虫害首先应采用农业防治，在采摘完黄花菜后及时清除病残体，集中深埋或烧毁，以减少病源。采用配方施肥技术，提倡施用酵素菌沤制的堆肥或腐熟有机肥；加强田间管理，注意及时排水，避免田间积水或地表湿度过大；加强黄花菜冬培春肥工作，以增强其抗病能力；适时更新复壮老苑，选用抗病性强的品种。病害发生初期可选用百菌清 500 倍液、多菌灵可湿性粉剂 1000 倍液、50％可湿性托布津 1000 倍液、60％代森锌 500 倍液等防治，隔 7～10 天喷 1 次，连续防治 2～3 次，采收前一星期停止用药。红蜘蛛可选用 0.5～1 波美度石硫合剂或浏阳霉素（20％复方剂）1000～1200 倍液或 20％螨卵酯可湿性粉剂 800～1000 倍液或 20％克螨特乳油 4000 倍液或 20％哒螨酮可湿性粉剂 2000～3000 倍液，每隔一星期喷 1 次，连喷 2～3 次。蚜虫可用 70％吡虫啉 6000 倍液或 25％噻虫嗪 2000 倍液喷雾防治。

（4）采收加工

花蕾黄色饱满、花瓣上的纵沟明显时为最佳采摘期，在采摘期内，每天都要下地采摘。采回的花蕾鲜嫩，易滋生霉菌，不可久置，要及时蒸烤处理。蒸烤方法：把鲜花蕾按头对头、尾对尾整齐排列放置于蒸筛里，排放时要注意装蕾的厚度不可超过 5 cm，将装满花蕾的蒸筛置于密封的蒸笼或蒸烤箱内，用 100 ℃～120 ℃高温蒸熏 5～8 分钟，倒出、摊松，放到通风洁净处晾干，或置于阳光下晒干，若遇上阴雨天，可用微火烤干，以 125 g 为一束绑捆收藏。收藏时，由于晾干与烤干的花蕾颜色截然不同，风味有别，产品价格悬殊，故不可混装成统货，应依色装束，分别归位，按级别类次整齐排置于不同的防水塑料袋中，并置于桶内或缸内压实、轧紧，加上桶（缸）盖，置于通风干燥处。

2. 油茶林间作藠头

藠头别名薤或藠子，系百合科葱属多年生草本植物，适应性广，各种土壤均可栽培。在冷凉湿润的气候条件下，气温超过 25 ℃时，即行休眠。能适应较弱的光照，可与果树间作，在鳞茎发育时，需较长的日照时间。藠头喜沙质土壤，不耐连作，多以鳞茎作为蔬菜上市（图 7 - 2）。

图 7 - 2 油茶林地间种藠头

（1）整地作畦

一般选择土质疏松、排灌方便、近 2 年内未种过百合科葱蒜类作物且具有灌溉条件的油茶林耕作带，深翻碎土，平整作畦。结合整地，施足基肥。基肥以有机肥为主，每亩施腐熟有机肥 1000 kg 或饼肥 100 kg、复合肥 10～15 kg，用辛硫磷或毒死蜱拌肥或制成药土撒施，防治地下虫害。

（2）播种

1）品种选择：根据各地市场需要或生产习惯，可选用大叶藠（南藠）、长柄藠（白鸡腿）、细叶藠（紫皮藠、黑皮藠）或生米藠头（加工用藠头品种）。

2）播种时间：油茶林地间作藠头，一般在 9 月中旬至 10 月中旬种植，翌年春季鳞茎膨大，初夏抽薹开花，谷雨后到夏至前后温度升高，叶片生长受抑制，叶鞘增厚，老化加快，同化产物大量转入鳞茎，为鳞茎发育膨大期。

3）种子消毒：藠头用鳞茎繁殖，种藠极易带病毒，应选用无病虫、无伤口、无烂根的鳞茎，去除干叶，剪掉长根，保留约 1.6 cm 长的根，用 70％甲基硫菌灵可湿性粉剂或 50％多菌灵可湿性粉剂 1000 倍液对种藠进行消毒，晾干后再播。

4）播种密度：每亩按行穴距（20～25）cm×（12～16）cm 栽2.5 万～3.0 万株，用种量大个型种 300 kg、中小个型种 230 kg。

5）播种：在畦的一端开第一条沟，深 6～10 cm，将种藠按穴距12～

16 cm 沿沟内一边平行排列，每穴排 2～3 颗种藠，再开第二条沟，并将第二条沟的土盖到第一条沟内，如此开沟播种，直至播完，沟距 20～25 cm，种藠上盖土要薄，以稍露茬柄顶端为宜。播种后用稻草覆盖畦面，每亩浇盖 50％的腐熟畜粪 1000～1500 kg，并注意浇水，保持土壤湿润，7～10 天就能发芽出土。

（3）栽培管理

1）追肥：播种出苗后，开始追肥一次，每亩用 1000 kg 10％左右腐熟粪水浇施，年前可根据苗情结合抗旱，每隔半个月少量追肥一次；在翌年 2 月上中旬，气温回升，藠头的生长进入旺盛期，可每亩施尿素 20 kg、氯化钾 10 kg，趁中小雨撒施；3 月底当藠头进入鳞茎膨大期时，每亩施三元复合肥 25～30 kg；5 月初，每亩施氯化钾 5～7 kg，不再施氮肥。

2）培土：在藠头生长中后期，在小满（5 月 20 日左右）前后连续培土 2～3 次，把根茎部裸露的鳞茎全部深盖。

3）除草：在藠叶未封行之前，可采取人工除草，翌年 2 月底至 3 月初结合中耕进行 1 次人工除草，5 月上中旬再进行 1 次除草。化学除草一般在播种前一星期每亩用 48％仲丁灵乳油 200 g 加 50％乙草胺乳油 150 g 兑水 40～50 kg 均匀喷于土表。

1）病虫害防治：藠头的病虫害发生比较轻，对藠头病虫害主要采取综合防治措施，如选择无病区的健壮藠头鳞茎作种，对连续种植的田块进行轮作换种，开沟排水降低田间湿度。选用高效低毒低残留农药防治以蓟马为主的虫害，可用 10％吡虫啉可湿性粉剂 1000～2000 倍液或 2.5％多杀霉素悬浮剂 1000～1500 倍液防治；零星混合发生的害虫还有葱蝇和蚜虫，每亩用 25％阿克泰（噻虫嗪）水分散粒剂 4 g 兑水 40 kg 进行茎叶喷雾。病害以霜霉病和炭疽病为主，霜霉病每亩选用 53％金雷多米尔锰锌（精甲霜锰锌）50～60 g 兑水 50 kg 叶面喷雾；炭疽病可用 25％咪鲜胺乳油或 80％炭疽福美可湿性粉剂 800 倍液防治。

（4）采收与留种

叶用藠头，在大寒至翌年清明期间可陆续采收。采收藠头要在小满以后，当叶色由绿转枯黄时采收，采收时注意不要挖伤鳞茎，挖出后拍去泥土、去除枯叶、修剪适量残根、留柄2~3 cm，贮放于阴暗通风处即可。作为留种的薤头可在7月以后或播种前采收，采挖后轻轻抖掉泥土，不要清洗，选择大小适中、无病虫、无伤口、无烂根的鳞茎，去掉枯叶，剪去须根，留柄3 cm左右，在阳光下曝晒2~3天，使其含水量降低至表皮松软，然后堆放于通风透气、干燥凉爽的房间，每半个月翻动一次，防止种子霉变。

3. 油茶林间作大蒜

大蒜，别名胡蒜或蒜，属百合科葱属一、二年生草本植物，喜冷凉，喜湿怕旱，对土壤要求不严，最适土壤pH值为5.5~6.0。大蒜需要在13小时以上的长日照及较高温度条件下才开始花芽和鳞芽风化，在短日照且冷凉的环境下，只长茎叶不结鳞茎，超过26℃停止生长。大蒜忌连作或与其他葱属类植物重茬（图7-3）。

图7-3　大蒜

（1）品种选择

油茶林地间作大蒜可选择辣味浓、品质优良、适合秋播的紫皮品种。种蒜要求蒜瓣肥大，色泽洁白，无病斑，无伤口。一般每亩用种量70~75 kg干瓣。

（2）整地施基肥

选择缓坡或宽梯、排灌条件好的油茶幼林耕作带，精耕细耙，平整作畦。结合翻耕施足基肥和适量石灰，每亩施腐熟的人畜粪1000 kg，土杂肥 500～2000 kg，复合肥 100 kg。

（3）播种

1）种植时间：一般在 8 月下旬至 10 月中旬。

2）合理密植：根据蒜种的熟期及蒜瓣的大小及播期确定栽培密度。迟熟，或早播，或大瓣，宜稀播；早熟，或迟播，或大瓣，宜密播；采收鳞茎的每亩保苗 4 万～4.5 万株，采收嫩苗的每亩可密植 10 万株。

3）播种方法：大蒜适宜浅栽，开沟点播，先在畦的一侧开第 1 条沟，栽蒜后，用开第 2 条沟的土覆盖第 1 条沟的蒜，依次进行，一般播种深度 3～4 cm，以看不到种子为宜，播后盖薄层稻草，用稀薄粪水将畦面浇透。

（4）栽培管理

1）肥水管理：大蒜播种后出土前根据天气情况，做到浅浇水；秋冬季遇干旱要勤浇水，春季要注意排水。适时追肥，第 1 次在播种后 30～35 天亩施复合肥 10～15 kg，或结合浇水施稀粪水＋5 kg；第 2 次在植株生长旺盛期，即播种后 60～70 天，用尿素 10 kg、钾肥 5 kg、复合肥 5 kg撒施，施后浇透水。

2）中耕除草：出苗后松土除草 3～4 次，松土后注意浇稀薄粪水。化学除草，播后苗前每亩用 50％敌草胺 100 g 或金都尔 100 mL 兑水喷雾，可除杂草；苗期可用 0.8％高效盖草能 45 mL 兑水喷雾，灭禾本科杂草。

3）病虫防治：每亩用 75％百菌清可湿性粉剂 100 g 或 70％甲基托布津 70 g，兑水稀释后喷雾防治叶枯病、锈病、叶斑病。发现蒜蛆可用 50％辛硫磷乳油 100 mL 兑水稀释后向大蒜根部浇灌。

（5）采收

1）蒜薹采收：当蒜薹花序的苞叶伸出叶鞘 13～16 cm 时即可采收蒜薹。选晴天下午或阴天露水干后进行。

2）蒜头采收：蒜薹收后 25 天左右，1/2 叶片变黄微软，为蒜头收获期，选晴天收获蒜，采收时去泥，削根须，剪把，挂到通风阴凉处晾干。

（二）油茶林下种植中药材

油茶林下种植中药材如百合、玉竹、白及、白芍、白术、菊花、迷迭香等。

1. 油茶林间种百合

百合又称山百合、药百合、野百合、喇叭筒、岩百合等，属于百合科百合属，集食用、药用及观赏等多功用为一体的多年生宿根草本植物，以鳞茎供食用或药用，花大而艳丽，有极强的观赏功能。百合喜温暖湿润环境，耐阴、耐寒、耐旱、怕炎热酷暑、怕涝，适宜在土层深厚、排水良好的微酸性沙质壤土地种植，忌连作（图7-4）。

图7-4 百合

（1）种苗繁殖

百合的繁殖以采用鳞片、仔球（鳞茎）、珠芽繁殖为主，也可以用种子繁殖。选择排水良好、疏松肥沃、没有种过葱蒜以及茄科类作物的沙质壤土作苗床，深开排水沟，精耕作畦，施足基肥。

1）鳞片繁殖：秋季百合收获后，选择生长健壮、无损伤、无病虫害危害的大鳞茎，剥去鳞茎表面质量差或干枯的鳞片，用里层的鳞片进行药剂处理，即将鳞片放入500倍多菌灵溶液中浸泡30分钟，或用500倍的（50 kg水＋100 mL枯萎根腐清＋100 mL碘中碘＋100 mL强力生根壮苗剂）药液浸泡10～12小时，取出阴干后扦插，按株行距（3～5）cm×（10～15）cm，鳞片基部朝下，将1/3～2/3鳞片插入苗床，然后盖约2 cm厚的土，再盖8～10 cm厚的稻草或杂草遮阴保湿，注意苗床不能过湿。不久即由愈伤组织分化出小鳞茎，当年生根，第2年春季即萌发成幼苗。再培育1～2年，地下鳞茎重可达50 g左右，每亩约需种鳞片 100 kg。

2）小鳞茎繁殖：小鳞茎亦称仔球，生于地上茎秆基部土壤内，有时在母株球的基部也能形成小鳞茎。收获时，大鳞茎作药食用，小鳞茎作繁殖材料。30～50 g 的小鳞茎可作为种球直接播种；30 g 以下的则选无病虫害的鳞茎，剪去茎底盘上的须根，消毒后按株行距 6 cm×25 cm 播种于苗床，继续培养 1 年再作种用。

3）珠芽繁殖：百合有的品种如卷丹、沙紫等常在上部叶片叶腋间长有珠芽，夏季珠芽成熟要脱落时采收，与 2 倍清洁细干沙混拌均匀，贮藏于阴凉、干燥、通风的屋内，当年秋季在苗床上按行距 15 cm 开 5 cm 深的浅沟，将珠芽以 3～5 cm 间距均匀播于沟内，覆细土 2～3 cm，盖草保湿。珠芽当年生根，翌年春季出苗，揭去盖草，加强培育，秋季再按小鳞茎进行繁殖。

4）种子繁殖：秋季采收成熟种子，随即播于苗床，或将种子与 3 倍湿沙层积贮藏，翌年清明后播种。按行距 15 cm 开深 5 cm、宽 5～7 cm 的浅沟，将种子均匀播于沟内，覆盖薄土，盖草保湿。播后 1 年内可产生小鳞茎，小鳞茎再培育 2～3 年，便可作种球用。

（2）整地施肥

选择郁闭度在 50% 以下的油茶林地耕作带，将杂草除净，结合深翻亩施牛粪等有机肥 1500～2000 kg、发酵饼肥 50 kg、复合肥 50 kg 作基肥，用 50% 辛硫磷乳油 250 mL 拌湿润的细土 10～15 kg、50% 多菌灵 1 kg 均匀撒到土面，起垄碎土平整，按行距 25 cm 开横向栽种沟，沟深 12 cm。

（3）栽种

9—10 月栽种。将鳞片抱合紧密、无损伤、无病虫害的种用小鳞茎用 500 倍液的克菌丹或多菌灵溶液浸泡 30 分钟，也可用 2% 福尔马林溶液浸泡 15 分钟，捞出晾干后下种。在栽种沟内每隔 15 cm 摆放 1 个小鳞茎，顶端朝上，覆细土栽正栽紧，抚平畦面，盖一层干草，用枯枝压住，翌年春季发芽时揭去。每亩用种 250 kg 左右。

（4）栽培管理

1）中耕除草：栽后第 2 年春开始松土除草，保持田间无杂草，但中耕次数不宜过多，浅锄，不要碰伤鳞茎。

2）追肥：结合除草，苗期追施 1 次提苗肥，亩施腐熟人畜粪水 1000 kg、过磷酸钙 20 kg 加堆肥 800 kg 拌匀，于行间开沟施入，施后盖土；在花期前后亩施磷钾肥或复合肥 20 kg 1～2 次，也可用 0.2％磷酸二氢钾叶面追肥。注意施肥时应避免肥液与种茎直接接触。

3）抹芽、打顶与摘蕾：春节百合发芽时，保留 1 个壮芽，其余抹除，避免鳞茎分裂。除留种地外，当苗高长至 27～33 cm 时摘顶。对有珠芽的品种，如不打算用珠芽繁殖，应及时摘除。5—6 月现蕾时，要及时摘除花蕾。

4）排灌：结合中耕除草施肥，疏通步道并培土于床面，清理排水沟，春夏雨季及大雨后要及时疏沟排水。久旱无雨时，适时适量浇水，保持土壤湿润，切忌大水漫灌。

5）病虫害防治：茎腐病、叶斑病用 65％代森锌 1000 倍液每 7 天一次，连喷 3～4 次；病毒病用 800 倍病毒 A 药液喷雾防治；灰霉病用 70％代森锰锌可湿性粉剂 400 倍液喷雾防治，疫病用 25％甲霜灵可湿性粉剂 200 倍液灌根防治。地老虎用 2.5％溴氰菊酯或氰戊菊酯 3000 倍液地表喷雾杀灭，种蝇用 1.8％阿维菌素 3000 倍液喷雾杀灭，蚜虫用 40％氰戊菊酯虫 6000 倍液喷雾防治，每亩用 40％辛硫磷乳油 250 mL 拌细土 30 kg 均匀撒于土中杀灭蛴螬。

（5）采收加工

1）采收：移栽后第 2 年秋季地上部分全部枯萎后，选晴天采挖，挖时动作要轻，防止损伤鳞茎，除去泥土、茎秆和须根，将大鳞茎加工成商品，小鳞茎选出作种用。

2）加工：先将大鳞茎剥离成片，按大、中、小分别盛放，洗净泥土，沥干水分。然后，投入沸水中烫煮一下，用木棍搅动，使上下受热均匀，大片 6～8 分钟、小片 4～6 分钟，当鳞片边缘变软、背面有微裂时，迅速捞出，放入清水中漂洗去黏液，立即薄摊于晒席上曝晒，未干时不要随意翻动，五六成干时经常翻动，晾晒至八九成干时熏蒸，再复晒至全干，遇阴雨天则可用文火烘干。

2. 油茶林间种玉竹

玉竹，别名萎蕤、玉参、尾参、玉术、山玉竹、竹七根、山姜等，为百合科黄精属多年生宿根草本植物，以地下根茎入药，是药食兼用型品种。玉竹适应性较强，喜凉爽、湿润、荫蔽环境，耐寒；忌连作，前作不宜为百合、葱蒜、芋头、辣椒等作物，轮作年限要超过3年，种植老区要超过7年；对土壤要求不严格，以微酸性（pH值5.5～6.5）、疏松肥沃、排水良好的沙壤土为宜（图7-5）。

a. 油茶间种玉竹　　　　　　　　　b. 玉竹产品

图7-5　玉竹

（1）整地施肥

选择郁闭度0.3～0.6、背风向阳、排灌条件好的油茶林地耕作带深耕晒坯，整地前，每亩施腐熟有机肥2000 kg或饼肥50 kg、钙镁磷肥100 kg、含硫复合肥30～40 kg，将肥料与5 kg多菌灵加五氯硝基甲苯或95%敌克松1.5 kg及0.5 kg辛硫磷粉混匀，均匀撒于地面上后，碎土平整作畦。

（2）种茎选择

玉竹可用种子繁殖和根状茎繁殖。种子繁殖周期长，多用于繁育种苗，生产上一般不被采用。生产上采取根状茎繁殖，时间短，见效快，以猪屎尾作种茎最佳。从苗秆粗壮的植株中选当年生、芽端整齐、略向内凹的粗壮根状茎分枝作种茎，不宜用主茎留种，要求芽头大、顶芽饱满、无病虫害、无黑斑、无麻点、无机械损伤、色泽新鲜黄白、须根多、质量10 g以上、有2～3个节的肥大嫩根状茎作种茎。种茎挖出后最好当天切下栽种，也可摊放在室内阴凉处3～5天后栽种，若需贮藏更长时间，最好用湿沙保存。

（3）种茎栽植

1）播种时期：春秋两季均可播种，春季 3 月中下旬至 4 月初，秋季 8—11 月均可，以立秋到处暑为佳。

2）种苗消毒：在播种前采用 70％甲基托布津＋50％多菌灵可湿性粉剂各 25 g 配制成 500 倍药液，将种茎浸泡 2～3 分钟，取出后即可栽种。

3）栽种：根据土壤肥力和种植年限确定栽植密度，开一行栽一行。在种植畦面一端按 30～33 cm 间距开一横沟，沟深 10～15 cm，在沟底按株距 7～15 cm 纵向排列，芽头朝一个方向斜向上放好，再开另一行沟的土覆盖 6～7 cm，浇足水或稀薄人粪尿，最后用松枝落叶、稻草或各种秸秆覆盖 10～15 cm 厚，保水保肥防冻。

（4）栽培管理

1）除草：一般采取手工除草，也可用盖草能除禾本科嫩草。栽种后勤除草，保持厢面无杂草，雨后或土壤过湿时不宜拔草。杂草根系分布过深，宜剪除，防止拔草时损伤地下茎、芽及增大土面渗水，造成烂根烂茎。

2）追肥：追肥一般一年两次，以有机肥为主，辅以少量尿素、复合肥、磷肥等。春季萌芽前进行第一次追肥，每亩用腐熟人粪 1000～1500 kg 和尿素 5～7 kg，苗高 7～10 cm 时，再用 10 kg 45％硫酸钾复合肥或 5～8 kg 尿素追一次提苗肥。

3）灌排水：在 4—6 月梅雨季节时要加深疏通苗床田间沟系，做到排水畅通，大雨后不积水。但高温干旱时要及时浇水，以湿润土壤为宜。

4）培土：冬季倒苗后刈除秸秆和杂草覆在畦面上，然后再在上面亩施土杂肥或猪牛粪 3000 kg，也可用 45％硫酸钾复合肥 50 kg 加菜枯 100 kg 撒于土表后，取沟内的新土覆盖厢面，再加盖杂草树叶 6～8 cm。玉竹生长两年后，根状茎分枝多，纵横交错，易裸露于地表而变绿，必须及时培土覆盖。

5）防踩：玉竹一般在 3 月出苗，苗茎脆弱易断且为独生苗，一旦踩断当年不可再生，要严防人畜入地踩踏。

6）摘蕾：5—6月孕蕾期间，除留作收种子的植株外，选择晴天中午摘除花蕾。

7）病虫害防治：常见病虫害主要有叶斑病、锈病、白绢病、褐腐病、根腐病、曲霉病、蛴螬、大青叶蝉等。在发病前或发病初期喷1∶1∶120波尔多液或50％代森铵800倍液喷施，每10天喷1次，连续喷2～3次；也有用37％苯醚环唑加醚菌酯混施或70％甲基硫菌灵1000倍液加3％井冈霉素500倍液混施以防治褐斑病和紫轮病。防治锈病、白绢病可用25％粉锈宁800倍液喷施。用50％多菌灵500～600倍液或50％福美双500～600倍液喷施或根部浇灌，也可用五氯硝基苯和多菌灵混合用，防治根腐病、曲霉病。用4.5％高效氯氰菊酯3000倍液或50％辛硫磷乳油1000倍液喷灌，防治地老虎幼虫及蛴螬；用30％蚜虱净或20％吡虫啉可溶液剂800～1000倍液喷雾，防治大青叶蝉。

（5）采收加工

1）采收：8—10月地上部分正常枯萎谢苗后进行采挖，选晴天土壤比较干燥时收获。采挖时，先割去地上茎秆，然后用齿耙反向顺行挖掘，抖净泥土，防止折断。

2）加工：将挖出的根状茎，先按长、短、粗、细分级，再分别摊晒在水泥场地，夜晚待玉竹凉透后加覆盖物覆盖，切勿将未凉透的玉竹堆放或装袋，以免发热变质。晒2～3天至柔软、不易折断后，放入箩筐内撞去须根和泥沙，再取出放在石板或木板上搓揉。搓揉时要先慢后快，由轻到重至粗皮去净，内无硬心，色泽金黄，呈半透明，手感有糖汁黏附时为止。防止搓揉过度，否则色深红，甚至变黑，影响商品质量。搓揉好的玉竹再晒干，其含水量为12％～15％时，即得商品玉竹。也有采用蒸揉结的加工方法，即先将鲜玉竹晒软后蒸10分钟，用高温促其发汗，使糖汁渗出，再用不透气塑料袋装好，约30分钟后用手揉或整包用脚踩踏，直到色黄半透明为止，取出摊晒。

3）储藏养护：玉竹一般用麻袋包装，每件40 kg，储于通风干燥处，温度在30℃以下，相对湿度为70％～75％。储藏期间，适时通风翻垛，除湿降温；高温高湿季节，将其与氯化钙、生石灰、木炭等吸潮剂同置密封堆垛或容器内。高温潮湿季节要防止霉变，整个储藏过程中要注意防虫、防鼠。

3. 油茶林间种白及

白及又名紫兰、凉姜、白根、连及等，属兰科白及属多年生草本植物，以假鳞茎入药。白及喜欢温暖、湿润的气候环境，耐阴，忌强光直射，稍耐寒，遇 0℃ 以下的低温霜冻，假鳞茎会冻伤或冻死。常生长于丘陵阴坡、林下湿地及荫蔽草丛中，以肥沃疏松、排水良好的沙壤土为佳。白及的花色绚丽多姿，有紫色、淡紫色、玫瑰紫色、黄色、纯白色等，是耐阴的观花地被植物。白及生长周期长，1 个假鳞茎种植两年只长 3 个新的假鳞茎，第三年长 6 个，第四年长 12 个，是典型的成倍繁殖方式，从栽种到采收需要 3 年时间（图 7-6）。

图 7-6　白及

（1）选地与整地

选择土层深厚、疏松、排水良好的山坡阴面油茶林耕作带，以坡脚为好，油茶覆盖率 60%～80%。土层深翻 20 cm 左右，每亩施腐熟农家肥 1500～2000 kg 及复合肥 50 kg，耙细平整作畦。

（2）种苗准备

由于白及种子胚很小且无胚乳提供营养物质，在自然条件下繁殖非常困难，目前种苗来源主要有分株繁殖。分株繁殖时，选无虫蛀、无破损、当年生、大小相似、芽眼多的鳞茎，分切成带 1～2 个芽的小块，要求切面平滑，不能损伤表皮和隐芽，切口沾草木灰，晾干后栽种。

（3）栽种方法

2—3 月种植。按株行距 15 cm×20 cm 开穴，穴深 8～10 cm，将假鳞茎芽嘴向外放于穴底，每穴 3 个，呈三角形排放。栽后覆盖细肥土或草木灰，浇 1 次稀薄人畜粪水，盖土与畦面平齐。

（4）栽培管理

1）中耕除草：根据白及生长情况，一般每年在齐苗后、现蕾期和开花结束后除草 4 次，中耕宜浅，避免伤及假鳞茎。

2）追肥：结合中耕除草，每年追肥 2 次，第 1 次在齐苗期；第 2 次在冬季，每亩每次施复合肥 30～40 kg。

3）灌溉排水：生长期应注意浇水抗旱，春夏季多雨季节注意防涝。

4）越冬保护：霜降前盖草防寒抗冻，待春季出苗时揭去盖草。

5）病虫害防治：白及较为常见的病害为块茎腐烂病、褐斑病等，虫害主要为蚜虫、地老虎等。病虫害防治主要以防为主。可在栽植区域周围撒石灰，选用阿维菌素，或高效氯氰菊酯，或辛硫·高氯氟，或甲氰·辛硫磷防治虫害。春夏多雨季节易发生病害，要做好排水工作，发病初期用 50% 的多菌灵可湿性粉剂 800～1000 倍液喷雾防治。

（5）采收加工

1）采收：白及栽培 3 年后采收，采收季节为秋末冬初，采挖时用平铲或小锄细心地将鳞茎连土一起挖出，摘去须根，除掉地上茎叶，抖掉泥土，运回加工。

2）粗加工：将块茎分成单个，用水洗去泥土，剥去粗皮，置开水锅内煮或烫至内无白心时取出冷却，去掉须根，晒或烘至全干。放撞笼里撞去未尽粗皮与须根，使之成为光滑、洁白的半透明体，筛去灰渣即可。也可趁鲜切片，干燥即可。

4. 油茶林间作白芍

白芍别名芍药，又名将离、婪尾春、殿春等，为毛茛科芍药属多年生宿根草本植物，以根入药。白芍喜气候温和、阳光充足、雨量中等的环境，耐寒耐热、喜湿润、怕涝，以中性至微碱性的深厚、疏松肥沃、排水良好的沙壤土或壤土为好，忌连作；每年早春 2—3 月露芽出苗，4—6 月生长盛期，秋季植株枯萎进入休眠期，若无性繁殖连续栽培 5 年，其根部空心，失去药效。白芍花多而大，花形妖媚、花色艳丽，为花卉观赏植物（图 7 - 7）。

图 7 - 7　白芍

（1）选地整地

一般选择新造油茶林地，随油茶移栽一同间作，也可选择油茶覆盖率在 30% 左右的幼林地。选耕作带深翻 30 cm 晒坯，每亩施石灰 40～50 kg、土杂肥 1000 kg、饼肥 100 kg、过磷酸钙 50 kg，再浅耕一次，耙细平整作畦。

（2）种苗准备

主要用芽头繁殖，也可用种子育苗。种子育苗一般须 3 年才能开花，4～5 年方能收药，但退化轻，病害也少；用芽头繁殖，2～3 年可收药，退化较重，病害较多。为了缩短栽培时间，多用芽头繁殖，较少用种子繁殖。

芽头繁殖：秋季采挖时，将刨出的芍根芽头下的粗根全部切下供药用（芽头以下 5～6cm 处切断），把留下的芽头作种秧。将芽头按大小及自然生长性状纵切成数块，厚度 2 cm 左右，每块有 3 个芽苞为好。最好随切随栽，否则不要切开分块，将整个芽头沙藏备用。

用种子繁殖，在种植成熟后，采下立即播种，否则要将种子与 3 倍湿沙拌匀后贮藏至秋季播种。

（3）栽种

秋栽在寒露前后，春栽在春分至谷雨节。秋栽较春栽好，秋栽先长根后发芽，成活率高；春栽先发芽后长根，成活率较低。宜于8—10月栽种，一般酷暑过后即栽种。栽前将芍芽按大小分级后分别下种，有利于出苗整齐。按行距60 cm、株距40 cm挖穴栽种。穴内要撒施毒饵防治地下害虫。毒饵与底土拌匀后，每穴栽芍芽1～2个，芽头向上摆于正中，然后覆土，并稍高出畦面，呈馒头状。最后顺行培垄防寒越冬，每亩栽种2200～2500株。

（4）栽培管理

1）中耕除草：栽后第2年齐苗后开始中耕除草，尤其是1～2年生幼苗，要见草就除，防止草害。中耕宜浅不宜深，要做到不伤根。

2）肥水管理：白芍喜肥，除施足基肥外，于栽后第2年开始，每年至少要追肥3次。3月结合中耕除草，每亩施人畜粪水1000 kg，5—6月每亩施人畜粪水2000 kg，12月每亩施人畜粪水2000 kg加饼肥20 kg。从第3年开始，每次施肥要加施过磷酸钙和饼肥各15～20 kg。在5—6月白芍生长旺期和开花期，可用浓度为0.3%的磷酸二氢钾溶液叶面喷施，增产效果明显。3—5月注意排水防涝。

3）培土与亮根：每年10月下旬，在离地面6～9 cm处剪去枝叶，并于根际培土15 cm厚，以保护越冬。在栽后第2年春季，把根部的土壤扒开，使根部露出一半，晾晒5～7天，晒死部分须根，使养分集中于主根，促进其生长。亮根后要追肥，覆土壅苑。

4）摘花蕾：除留种地外，于第2年春季现蕾时，摘除全部花蕾，使养分集中于根部，促进根部生长，有利于增产。

5）病虫害防治：白芍易发生的病害有灰霉病、叶斑病、锈病、软腐病等，可采用增施磷钾肥的方法，增强植株抗病力；可用代森锌、多菌灵、粉锈宁等药剂防治。虫害有蛴螬、地老虎等，可用低毒农药于傍晚撒施诱杀。

（5）采收加工

1）采收：白芍栽后 3～4 年即可采收。以 8 月上旬至 9 月中旬初采收为适期。选晴天先割除地上部分，再小心挖取全根，抖去泥土，切下芍根，留芍芽作种，芍根加工药用。

2）加工：将芍根分成大、中、小三级，洗净泥土，分别放入沸水中煮 5～15 分钟，并上下翻动，待芍根表皮发白、有香气、用竹签能轻易插进时为已煮透，然后迅速捞起放入冷水内浸泡，同时用竹刀刮去外皮。最后，将芍根切齐，按粗细分别晾晒，以多晾干少曝晒为宜，防止因曝晒后外干内湿而产生霉变。一般早上出晒，中午晾干，下午 3 时后再出晒，晚上堆放于室内用麻袋覆盖"发汗"，次日早上再出晒，反复进行几天直至里外干透为止。

5. 油茶林间作白术

白术别名山蓟、山芥、天蓟、山姜、山连、山精、冬白术等，属于菊科苍术属多年生草本植物，以根茎入药。白术喜干燥凉爽，怕高温和强光照射，耐寒，能在田间越冬，既怕干旱又怕水渍，对土壤要求不严，在微酸、微碱的壤土，沙壤土或黏壤土都可栽种，以较疏松肥沃、透水性好的壤土为好，忌重茬（图 7-8）。

白术 2 年为一个生产周期，第一年播种药米（种子）培育子药（术栽）；第二年定植子药（术栽），生产商品白术。

图 7-8　油茶林间种白术

（1）培育子药

1）整地施肥：按移栽地 1：10 配备子药地。选择避风向阳的新垦荒地坡土或水稻田播种药米（白术种子），翻耕晒坏，每亩施用腐熟人畜粪或沼肥 1000 kg、氯化钾 100 kg、钙镁磷肥 200 kg，肥土充分拌匀，耙细平整。

2）播种：药米在 15℃以上时开始发芽，根据当地春季气温回升的特点，3 月下旬至 5 月上旬播种。播种前选新鲜饱满、成熟度一致的无病虫种子，放在 25℃～30℃的温水中浸种 24 小时后取出播种。采用条播、撒播或穴播，穴播株行距为 15 cm×20 cm，每穴播种子 10 粒左右，覆盖草木灰或火土灰，以盖没种子为宜。撒播每平方米播种量不超过 20 g，用细碎干燥的生黄泥土盖种。播种后盖一层薄稻草或茅草，浇透水。

3）药米播后管理：幼苗出土后勤除杂草、间去病弱苗，清沟沥水。除草时不能带动土壤，以免引起死苗。根据长势，苗期适当追施 1～2 次肥，以施稀人畜粪水最好，用量不宜过多，每亩施人畜粪水 500～800 kg。干旱时在行间铺草浇水防旱。

4）子药采收：当年 10 月下旬至 11 月上旬选晴天挖取种苗，剪去茎叶和须根，注意勿伤主芽和根茎表皮，阴干 1～2 天后，选背风的房间将子药与干河沙或生黄泥土混合后贮存。具体方法：在室内阴凉干燥处，先在地上平铺一层 3 cm 厚的细沙或生黄泥土，上放子药厚 12～15 cm，再铺一层细沙和一层子药，堆高不超过 35 cm，四周用砖码好，上盖 7 cm 厚的细沙或生黄泥土。人田定植时再挖出，筛去泥土，备用。

（2）栽培管理

1）整地：选择郁闭度在 50%以下的油茶林地耕作带，将杂草除净，于前一年的 11 月下旬至 12 月中旬翻耕晒土，12 月下旬每亩施入畜粪或沼肥 1500 kg 或饼肥 120 kg、复合肥 50 kg，碎土平整作畦。

2）栽植子药：1 月下旬至 2 月上旬为栽植适期。选择个体适中、表皮光滑、芽头健壮、无病虫危害的本地生产的子药，定植时用 50%多菌灵或 70%托布津 500 倍液将子药浸泡 30 分钟，晾干后再定植。按株行距 20 cm×30 cm 打穴栽种，穴深 5～7 cm，每穴放栽 1 个（小的 2 个）子药，芽头向上栽植，覆土 3 cm 厚，再盖火土灰或生黄泥土，每亩栽 10000～12000 株。定植时子药不能与肥料直接接触，定植后覆盖一层稻草或茅草（厚度以不见泥为宜）。

3）中耕除草：播种后勤除草，齐苗后结合除草追肥进行浅耕，及时清除沟边和厢面杂草。

4）肥水管理：一般追施苗肥和蕾肥各1次，如中期苗势差，可追施1次苗肥。4月上旬至5月上旬施稀薄人粪尿800~1000 kg，如长势差，宜在5月下旬至6月上旬结合除草适量补施1次肥，8月在摘蕾后每亩穴施复合肥或腐熟的饼肥50 kg，促进白术地下根茎生长。白术生长期间须做好排水工作，经常挖沟、理沟，雨后及时排水。8月下旬如久旱，需适当浇水，保持田间湿润。

5）摘蕾：7月中旬至8月上旬，白术开始现蕾后选晴天分3次摘完花蕾；种植株每株留6~8个花蕾，其余都要适时摘除。摘蕾时，一手捏住茎秆，一手摘蕾，尽量保留小叶，不摇动根部。

6）病虫害防治：病害主要有立枯病、根腐病和白绢病。田间发现病死株应及时拔除烧掉。出苗后至5月中旬，用70%托布津或50%多菌灵800倍液淋蔸，用噻菌铜悬浮剂1000倍液喷施，防治立枯病、根腐病；6月下旬至7月下旬，撒施石灰、草木灰，发病初期于植株茎基部及其周围土壤喷施50%多菌灵或70%甲基托布津1000倍液防治白绢病；每次摘蕾后，喷施1次70%托布津1000倍液防治铁叶病。

虫害主要有地老虎、蛴螬、术蚜，其中以地老虎、蛴螬危害最严重。防治地老虎与蛴螬，可在整地前每亩用50%辛硫磷乳油250 mL进行土壤处理或加湿润的细土10~15 kg拌匀撒到地面，翻入土中；苗期可用50%辛硫磷乳油1000倍液地表喷雾。

（3）采收

白术的最佳收获期一般在10月下旬至11月上旬，即立冬前后，白术茎秆枯黄或黄褐色、下部叶片枯黄。采收应选晴天土壤干燥时进行，将整株小心挖起后，去泥土，剪去茎叶，留下根茎及时加工。

（4）采后处理

白术收获后要及时烘干或晒干，除去须根，不能堆放太久。烘干成品称烘术，晒干成品称晒术，日晒受天气条件的影响较大，因而通常用火烘法来加工。

　　火烘法即是将挖回的白术根茎经初步清洗除泥，倒入烘箱内，用木柴火烘至白术表皮发热，再慢慢减弱火势烘至半干时，可取出剪尽茎秆，用力翻动，让须根脱落，并按大小分档，继续烘至八成干时，将白术块移放至竹筐内，堆放约一周时间，让水分逐渐外渗。表皮变软，再继续用文火复烘，温度控制在40℃～50℃，烘干即为成品。白术产品易受潮和生虫，贮藏的容器或仓库必须防潮密封。

　　6. 油茶林间作菊花

　　菊花又名亳菊、滁菊、淮菊、贡菊、杭白菊、黄甘菊、怀菊花、药菊等，为菊科菊属多年生宿根性草本植物。为常用中药材，以头状花序供药用，是观赏性高的园林植物（图7-9）。菊花喜温暖气候和阳光充足的环境，能耐寒，稍耐旱，不耐阴，忌连作，怕水涝，近花期不能缺水，在肥沃、疏松、排水良好的夹沙土中生长良好。

图7-9　大菊花

　　（1）整地施肥

　　选择郁闭度在0.3以下有灌溉条件的油茶幼林耕作带或向阳面油茶林边沿地，深耕作畦，每亩施腐熟厩肥或堆肥2000 kg或饼肥40 kg、三元复合肥25 kg作基肥，然后耙细整平。

（2）种苗繁殖

种苗繁殖主要为分株繁殖和扦插繁殖。

1）分株繁殖：在11月底至12月中旬，将菊花茎齐地面割除，选择生长健壮、无病虫害母株，挖起根蔸，集中埋在肥沃的地块上，覆盖腐熟的厩肥或土杂肥保暖。翌年3—4月，扒开土粪，浇施一次稀薄粪水，促其萌发生长，4—5月当苗高15～20 cm时，挖出根蔸，选粗壮、须根发达的新菊苗移栽。也可在本土盖肥育苗，翌年挖蔸分苗移栽。

2）扦插繁殖：3—5月剪取生长健壮、无病害的新枝作插条，剪成8～12 cm长的小段，下端剪口近节处，削成马耳形斜面，湿润后，快速蘸一下1500～3000 mg/L吲哚乙酸，随即插入已整好的苗床上，株行距（3～5）cm×（10～15）cm，深度为插条的2/3，压实浇水，保持苗床湿润，约20天即可发根，当地上部长出两片新叶时，即可出圃定植。

（3）移栽

分株苗于4—5月、扦插苗于5—6月移栽，选阴天或雨后或晴天傍晚进行，按株行距（40～50）cm×（60～70）cm挖穴，穴深6 cm，带土取苗，扦插苗每穴栽1株，分株苗每穴栽1～2株，栽后覆细土压紧，浇定根水。

（4）栽培管理

1）中耕除草：移栽成活后到现蕾前要进行3～4次中耕除草，现蕾后不再进行中耕除草。每次除草宜浅不宜深，一般掌握浅松表土3～5 cm，同时要结合培土，以保根防倒伏。

2）追肥：除施足基肥外，生长期还要进行3次根部追肥。第一次于幼苗开始生长期，每亩浇施腐熟稀薄人畜粪尿1000 kg或8～10 kg尿素兑水浇施；第二次在植株开始分枝时，每亩用腐熟稀薄人畜粪尿1500 kg，或用腐熟饼肥50 kg兑水浇施，结合培土施入；第三次在现蕾时，每亩用三元复合肥30 kg，尿素5 kg，兑水施入根际周围，施后培土。在花蕾期，于傍晚用0.2%磷酸二氢钾液或0.5%～1.0%过磷酸钙浸出液叶面喷施，7天左右喷1次，连续2～3次，促进开花整齐，提高产量和质量。

3）摘心：一般打顶3～4次，第一次在定植成活后，苗高15～20 cm时（小满前后）选晴天摘去顶心1～2 cm，促进分枝。以后每隔15天对分枝进行一次摘心，大暑后不再进行摘心打顶，生长弱的植株少摘心。

4）灌水：定植返苗期若遇干旱要注意浇水，不宜多浇，保持土壤湿润即可。雨季要注意排水，以防烂根。大暑后如遇干旱要浇水，特别是在孕蕾期前后不能缺水。

5）病虫害防治：主要病虫害有霜霉病、褐斑病、花叶病毒病、菊天牛、菊蚜。用40％乙磷铝300倍液或50％瑞毒霉500倍液喷雾防治霜霉病。用70％甲基托布津1000倍液或70％代森锰锌1000倍液喷雾或浇兜防治褐斑病。用25～50 mg/L农用链霉素或病毒A 800倍液喷雾或浇兜预防病毒病。用10％吡虫啉2000倍液或25％唑蚜威1500～2000倍液喷杀蚜虫。用22.5％高氯毒死蜱1500倍液喷杀瘿螨、菊天牛、蚜虫。9月中旬禁止喷药。

（5）采收加工

1）采收。由于菊花开花期先后不一致，所以要分批采收。一般分3～4批采收，采花标准是以花心散开2/3时为采收适期。选晴天露水干后或午后采收为好。边采边按大小不同分开，便于加工，保证质量。

2）加工。亳菊：在花盛开齐放、花瓣普遍洁白时，选茎秆割下，扎成小捆，倒挂于通风干燥处晾干，然后摘下花头装入木箱，内衬牛皮纸，一层花一层纸压实。滁菊：晒至六成干时，用竹筛将花头筛成球形，再晒至全干即成，忌用手翻，可用竹筷翻晒。贡菊：采后，置烘房烘焙干燥，烘房温度控制在40℃～50℃，将贡菊薄摊于竹帘上，第1轮烘至九成干时再转入第2轮，这时温度要低，一般30℃～40℃，花烘至象牙白时即可取出，再置通风干燥处阴至全干。

7. 油茶林间作迷迭香

迷迭香别名油安草、九里香、万年志，系唇形科迷迭香属多年生常绿亚灌木。迷迭香为芳香植物，可提炼迷迭香植物精油，在医药、工业方面用途广泛，花、茎、叶为主要利用部分。有研究表明，油茶林间作迷迭香可明显减少假眼小绿叶蝉种群数量，提高捕食性天敌种群数量，对假眼小绿叶蝉具有一定的驱避作用，对茶尺蠖雌、雄成虫有显著的驱避效果并能干扰寄主定位。迷迭香喜温暖、光照充足的环境，耐寒，耐贫瘠，耐旱不耐涝，不耐盐碱；对土壤要求不严，除盐碱地、低洼地以外，一般都能生长（图 7 - 10）。适宜的生长温度为 9℃～13℃，土壤 pH 值 4.5～8.7。

（1）整地施肥

选择郁闭度在 30％以下油茶幼林的耕作带深翻作畦，每亩施腐熟农家肥 2000～3000 kg、磷肥 20 kg，碎土平整，用 800～1000 倍液雷多米尔、百菌清喷雾消毒。

（2）育苗

因种子发育不良，种子萌发率极低，通常采用扦插育苗。选择土质疏松、透气性好、浇水后不易板结、浇灌方便的田块作为苗床地，露地扦插一般在秋冬至早春进行，最佳时间在 10—11 月，选用当年生长健壮半木质化枝条，剪成长度 5～8 cm 短段，每段有 4 个节以上，剪好的枝条用清水浸泡 5～10 分钟，蘸生根剂，即可扦插。剪枝时要遮阴，不可曝晒，从母株取枝条到扦插时间越短越好。扦插枝条插入土中的深度为 3～4 cm，一般为 2 个节，株行距为 5 cm×5 cm。苗床先用水浇软再扦插，插入后尽快浇透水，扦插苗不可倒插。插后的半个月内每天浇水 1 次，保持苗床湿润，阳光强、气温高时要遮阴，扦插苗生根后半个月可适当减少浇水量，1 个月后苗生根成活，每亩用 10～20 kg 尿素兑水浇施，每 10 天浇施 1 次，结合浇肥人工除草，3 个月左右就可以移栽。

（3）移栽

取苗前苗床浇透水，带土取苗，按株行距 40 cm×60 cm 穴栽，浇定根水，及时查苗补苗。

（4）栽培管理

1）中耕除草：在整个生长期要勤除草，移栽苗成活后 15 天中耕 1 次，以后结合除草、采收、施肥，每年中耕 2～3 次。

2）施肥：迷迭香不喜欢高肥，在幼苗期根据土壤条件在中耕除草后施复合肥。每次采收枝叶后追施速效肥，以氮、磷肥为主，每亩施尿素 10～15 kg，硫酸铵和过磷酸钙各 20～25 kg，行间沟施后盖土。秋末冬初以沟施腐熟厩肥或饼肥作越冬肥。

3）枝茎修剪。移栽成活 3 个月后就要开始修枝，以后每年春季将枝头剪去，促发蓬，控制生长高度，以植株长成圆形为佳。剪掉过密和干枯老化的枝叶，移出栽培地集中销毁，保障植株通风透光。修剪下来的枝条可扦插育苗，也可交工厂提取有效成分。

4）排灌水：移栽成活后，要少浇水，雨季及暴雨时，要及时排水。遇高温干旱，注意适当浇水抗旱。

5）病虫害防治：迷迭香病虫害较少，最常见的病害为根腐病，在高湿高温情况下极易发生，灰霉病也偶见报道。根腐病可用50%多菌灵或50%甲基托布津500倍药液进行喷洒。灰霉病可用5%多菌灵烟熏剂或50%速克灵1500倍药液防治。最常见的虫害是蚜虫和白粉虱，可采用5%扑虱蚜2500倍药液和1.5%阿维菌素3000倍药液喷施防治。

（5）采收

迷迭香的枝叶虽可根据需要随时采收，但以栽培3年以上再采收为好（图7-10）。采收下的叶片嫩枝要置于通风阴凉处干燥，切不可曝晒，以免失去其自然色泽及香气。开花时可采收花和茎尖带嫩叶的部位晾干直接使用或适当加工为茶叶。迷迭香提取物可用于医药、日用化工等。

图7-10　迷迭香收获

（三）油茶林下种植粮食油料作物

油茶林下种植粮食油料作物如大豆、花生、绿豆、马铃薯、芝麻等。

1. 油茶林间作大豆

大豆通称黄豆，为豆科大豆属一年生草本植物，喜温暖气候，是我国重要的粮、油、饲兼用作物。大豆作为红黄壤土开发的先锋作物，在生产中发挥改良土壤、培肥地力等重要作用；其籽粒是植物蛋白的重要来源。
（图7-11）

图7-11　油茶林间作大豆

（1）整地施肥

选择郁闭度 0.3 以下的油茶林耕作带，精细整地，疏松土壤，一般以耕深 25 cm 左右为宜，冬季空闲耕作带可在冬前翻耕，春季抢晴天精细整地，整地时每亩施 2000 kg 腐熟厩肥、20 kg 饼肥、30 kg 过磷酸钙、0.5 kg 辛硫磷粉拌匀撒施，耙细平整，开沟作畦。

（2）播种

油茶林间作大豆一般选择早熟或中早熟优质春大豆品种，在气温稳定在约 12℃ 的 3 月中下旬至 4 月初播种，在伏旱来临前的 6 月底至 7 月初成熟。挖浅穴直播，穴行距为 20 cm×（25～30）cm，穴深 3～4 cm。将选好的种子于播种前选晴天晒种 8～16 小时，按 15 kg 种子用根瘤菌 30 mL、50 g 钼酸铵拌种，每穴播 5～6 粒，播后盖土杂肥或火土灰 2～3 cm 厚，盖本土宜薄，一般用细土盖 1～2 cm 厚。

（3）栽培管理

1）间苗定苗：幼苗出土后，及时查苗补苗，一般在长出 1～2 对真叶时间苗补苗，补苗时稍浇定根水，长出 3～4 对真叶时定苗。每穴定苗 3～4 株。

2）中耕除草：齐苗后结合除草及间苗补苗浅中耕，定苗后 5～7 天结合除草追肥进行中耕培土，中耕深度稍深。化学除草可在播种后至出苗前每亩用 50％乙草胺 100 mL 兑水 50 kg 进行地面喷施，出苗后用盖草能除禾本科嫩草。

3）追肥：根据苗情在定苗前后适当追施复合肥或尿素，在雨前行间施肥。

4）病虫害防治：大豆病虫害主要有病毒病、锈病、根腐病、地老虎、豆秆黑潜蝇等。防治病毒病可用 5％菌毒清 400 倍液连续喷洒 2～3 次。锈病防治可用 75％百菌清粉剂 500 倍液或 50％甲基托布津粉剂 500 倍液叶面喷雾。防治大豆根腐病每亩用 50％多菌灵可湿性粉剂 0.1 kg 兑水 50 kg 喷施根部。防治地老虎主要在出苗前，出苗后可每亩用敌杀死 20 mL 稀释 1500 倍喷雾。豆秆潜叶蝇的防治可在发生初期使用菊酯类农药加 50％辛硫磷喷雾。

（4）收获与贮藏

叶变黄、茎及豆荚变黄或褐，豆粒鼓圆及落叶达 80％以上时收获。选择晴天人工收割，及时晒打精选，晒干后贮藏在干燥阴凉处，注意防潮防虫。种用籽粒不要直接在水泥地曝晒，以免高温烫伤种子，影响其翌年发芽。

2. 油茶林间作花生

花生原名落花生，为豆科落花生属一年生草本植物。花生喜温暖气候，具有较强的坏境适应能力，耐贫瘠、较耐干旱、怕涝。新垦荒地种植花生，在改良土壤结构、培肥地力方面能起到很好的作用（图 7-12）。花生种子油分、蛋白质含量高，是我国重要的粮油兼用型作物。

图 7-12　油茶林间作花生

（1）整地施肥

选择郁闭度在 0.3 以下土层深厚的油茶林耕作带深翻，每亩施腐熟有机肥 1500～2000 kg、发酵后的饼肥 30 kg、过磷酸钙 50 kg、2 kg 8％的辛·毒颗粒剂（辛硫磷和毒死蜱的混合药剂）拌匀撒施，耙细平整，开沟作畦。

（2）播种

油茶林间作花生，需选择熟期偏早的品种适当早播，有效避开夏末秋初的干旱。选用中熟或中早熟中籽抗病品种或地方特色品种，3—4 月当气温稳定在 12℃以上时便可适时播种，开穴直播，穴播规格为 20 cm×（25～30）cm，穴深 3～5 cm。将花生果脱壳后，选无病虫害的种仁晒种后按 15 kg 种子用根瘤菌 20 mL、40 g 钼酸铵拌种，每穴播 2～3 粒种仁，播后盖土杂肥或火土灰 2～3 cm 厚，盖本土宜薄，一般用细土盖 2～3 cm厚。

（3）栽培管理

1）清棵与补种：花生在苗期长出侧枝时，人工轻轻拨开覆土，让第一、第二对侧枝露出地面，以减少第一、第二对侧枝地下无效花，以促进花生早生早发。结合清棵定苗，每穴定苗 2 株，发现有缺穴现象时，应用花生种进行补种。

2）中耕除草与培土：齐苗后，结合除草，浅中耕碎土，中耕深度 3 cm左右；10～15 天后进行第二次中耕除草，中耕深度约 5 cm；下针前第三次中耕除草，浅中耕，并适当培土，高度 5 cm 为宜，应尽量不要埋压分枝。

3）追肥：出苗后 3～4 叶时根据苗情结合中耕，轻施粪尿水或尿素；开花下针期结合培土适当追施硫酸钾复合肥、过磷酸钙；结荚期和饱果期用硼砂、钼酸铵、磷酸二氢钾或稀土等叶面喷施。

4）水分管理：苗期与成熟期需要清沟排水，预防涝害，中期遇干旱需灌水抗旱。

5）控苗防倒：在苗后期，对陡长苗适时喷施矮壮素，以促进植株矮化、分枝；在开花 20～30 天时可喷施比久（B9）溶液，以提高花生饱果率。

6）病虫害防治：主要病虫害有青枯病、枯萎病、锈病、白绢病、蚜虫、蓟马以及地下害虫等。茎腐病的防治可用 65％多克菌 600～800 倍液或 50％苯菌灵 1500 倍液喷雾。叶斑病的防治可用 80％多菌灵 600 倍液或 80％代森锰锌 700 倍液喷雾。锈病的防治可用 25％三唑酮 3000 倍液，或 95％敌锈钠 600 倍液，或 75％百菌清 500 倍液，或 15％三唑醇 1000 倍液喷雾。白绢病的防治可用 50％扑海因 1000 倍液，或 40％菌核净 600 倍液，或 80％多菌灵 500 倍液喷雾。青枯病的防治可用农用链霉素 2500～3000 倍液或 32％克菌溶液 1500～2000 倍液喷雾。蚜虫、蓟马的防治可用 2.5％扑虱蚜 1500 倍液或 10％氯氟氰菊酯 2000～3000 倍液防治；对地下害虫的防治，可每亩用 30％毒死蜱微胶囊 0.4～0.5 kg 兑水 150 kg，混合均匀后灌入花生根部。

（4）收获与贮藏

当花生植株上部停止生长，基部叶掉落，顶部叶片转黄，地下部大多数荚果网纹清晰，充实饱满，果壳硬而薄，种皮呈现花生固有颜色时进行收获，选在晴天土壤较干燥时连同茎叶挖取后集中摘果，及时晒干，装入麻袋贮藏于干燥处，防止霉变、虫蛀和鼠食。

3. 油茶林间作绿豆

绿豆别名青小豆、菉豆、植豆等，为豆科菜豆属一年生草本植物，系高蛋白、低脂肪、中淀粉、医食同源作物（图 7-13）。绿豆适应性广，抗逆性强、耐旱、耐瘠、耐荫蔽，生育期短。

图 7-13　绿豆

（1）整地施肥

选择郁闭度在 0.5 以下油茶林的耕作带深翻，每亩施腐熟有机肥 2000～2500 kg、复合肥 30 kg、过磷酸钙 20 kg、0.5 kg 辛硫磷粉拌匀撒施，再碎土整平作畦，开好排水沟。

（2）播种

油茶林地间作绿豆，一般选择春播，在地温达 16℃ 的 3 月底至 4 月初为宜，按株行距（20～25）cm×（30～40）cm、深 3～5 cm 开穴直播，也可按行距 40～50 cm、株距 12～15 cm 撩沟直播。选用抗逆性强、适应性广、千粒重高、生育期在 80～90 天的中熟品种，播种前选留粒大、饱满、色泽好、无病虫害的种子晒 1～2 天，按 1 kg 种子用量 20～25 g 根瘤菌拌种或用 5 g 钼酸铵拌种，每穴播 3～4 粒种子，播后盖火土灰或浅盖细土至畦面平整。

（3）栽培管理

1）间苗定苗：第一片复叶展开后间苗，第二片复叶展开后定苗。按既定密度要求，去弱苗、病苗、小苗、杂苗，留壮苗、大苗，实行单株留苗。

2）中耕除草：一般在开花封行前中耕 2～3 次，第一次结合间苗进行浅耕，第二次结合定苗进行中耕，到分枝期结合培土进行第三次中耕，有条件的地方可以使用除草剂，在绿豆播种后出苗前用除草剂都尔进行封闭，绿豆对除草剂比较敏感，要严格控制用量，以防药害。

3）追肥：在施足基肥的情况下，生长期一般不再追肥。如在苗期出现因缺肥而产生叶黄、株矮、长势弱等情况，要适施尿素或复合肥促苗。

4）适时灌溉，防旱排涝。在三叶期前要开沟防涝，在开花与结荚期需要防旱保产。

5）病虫害防治：绿豆主要病害有枯萎病、病毒病、叶斑病、根腐病、白粉病等，药剂防治主要使用百菌清、多菌灵、无氧硝基苯等喷洒。主要害虫有蚜虫、豆荚螟、绿豆象等，可用菊酯类农药杀灭。

（4）收获与贮藏

一般植株上有50％～60％的荚成熟后，应适时分批收获。对大面积栽培田，以全田植株荚果2/3变成褐色时为收获的最佳期，收获时应在早晨和傍晚进行，可以防止炸荚现象发生。及时脱粒、晾晒、清选，以免发热霉变，籽粒的含水量在14％以下。贮藏时，在贮藏室放置适量磷化铝密封一星期后，敞开透气。

4. 油茶林间作马铃薯

（1）林地选择

土壤疏松、土层深厚和排灌方便的缓坡或宽梯1～5年生的油茶幼林地。前茬不能为甘薯、萝卜、辣椒或茄子。

（2）选种与催芽

选育结薯早、薯块膨大快、休眠期短、抗逆性强、抗病抗退化、高产优质的早熟品种。选种后要及时催芽切块育苗。

1）催芽：将购进的未发芽的种薯按2～3层堆放到12℃～15℃干净通风的室内进行暖种处理，促使种薯解除休眠和芽眼萌动。在贮藏过程中，必须保持通风、透气、防寒的室内环境，切忌光线直射种薯。相对湿度控制在80％～90％，若湿度达不到要求，可采取必要的措施进行增湿，如地面洒水、蒸汽等方法。

2）炼苗：当种薯萌发出5～6个芽，长度为2～3 cm时，不用等到薯皮发生皱缩，就可以进行切种处理。在切种前的1～2天要对种薯进行炼苗，一般方式是放置在自然光下进行光照，炼苗到嫩芽薯皮有绿色出现，表皮发生木栓化后结束。炼苗能提高马铃薯抵御病菌的能力。

3）切块：一般在种植前1天切块，在切块前要剔除病、烂和冻伤的种薯，选用经过消毒的锋利的刀进行切种操作，沿种薯顶端自上而下进行纵切，将薯块切成小块。25 g以下的薯块仅切除脐尾部，25～50 g的薯块纵切成2块，80～100 g薯块可上下纵切成4块，较大薯块可先上下纵切两半再从脐尾部芽眼依次切块，要确保每个切块25 g以上、切块上都要有一个芽眼。在切块前要准备好经过高锰酸钾（浓度为2％）或酒精（浓度为75％）消毒处理过的切刀2把，便于交替使用。切块后将种块摊在背风向阳处，晾干切口明水，促进伤口愈合。

（3）整地和施基肥

种植前要对油茶幼林耕作带进行深耕和平整，制成畦，其高度一般为 25～30 cm，宽度约为 80 cm，深度约为 40 cm。为了避免下雨造成积渍，还要在种植地的四边挖排水沟。为了保证马铃薯生长前期和中期的养分需求，必须要对其进行大量基肥的施用，一般每亩施腐熟有机肥4000～5000 kg 或饼肥 100 kg、硫酸钾复合肥 50 kg，在耕作带中央开沟施肥。

（4）移栽定植

油茶幼林间作马铃薯一般在 1 月下旬至 2 月中下旬进行春季马铃薯的播种，气温较低的地区可以适当延迟播种期。在施肥沟两旁开间距 45～50 cm 的种植沟，按株距 25 cm 排薯，覆土厚度 10 cm 左右，播种后进行一次灌水，即灌即排。为预防寒潮和草害，最好盖上黑色地膜，地膜上适当压土防风吹。

（5）栽培管理

1）及时破膜：在出苗期间进行巡查，当发现幼苗顶膜时要及时破膜，并用土覆盖好破损的地膜。

2）水分管理：在整个马铃薯的生长期，需要较大的水分。出苗后，如果遇到干旱天气，再灌半沟水。需水量将在花蕾出现到开花阶段增大，此时开始形成块茎并膨大。成熟期不要过多的水分，水分过多会使土壤通气性变差，导致马铃薯发生腐烂，同时也不利于贮藏。

3）培土：露地栽培需要培土，培土一般在齐苗后大约 10 天内进行，此时苗高为 20～25 cm。培土的厚度为 3～4 cm。现蕾期要进行清沟，结合撒施客土，将因薯块膨大而导致的裂缝盖住，这样能够有效预防青皮的发生，保证品质。

4）除草：齐苗后应及时除草，一般在植株封垄前除草 2～3 次。如采取化学除草，苗前除草为下种当日或第二日，盖膜前每亩用 50% 的丁草胺乳油 150 g，兑水 50 kg 进行田间喷雾。露地栽培，苗后除草一般在 3～4 叶时进行，每亩用 25～30 g 盖草能兑水 50 kg 进行喷施。

5）追肥：根据基肥用量、土质和天气等因素决定追肥的施用量，底肥足，苗情好，应少施追肥。根据苗情适当浇施腐熟人畜粪尿或复合肥作提苗肥。现蕾期施结薯肥 1 次，每亩为 15 kg 复合肥兑水 1000 kg，在晴好天气淋施。

6）病虫防治：马铃薯危害较为严重的病害有：晚疫病、病毒病、青枯病、环腐病和黑胫病等。一般要从种薯开始预防病害，主要为将带病种薯、烂薯及时剔除出来，并对种薯进行消毒。在生长期间防治晚疫病最重要，它主要是通过带病的块茎传染。田间发现病株要立即拔除，同时用杀菌剂瑞毒霉、百菌清、甲霜灵 800 倍液喷雾防治。一般 7～10 天喷 1 次。地下害虫主要有地老虎、蝼蛄等，可结合中耕培土，用阿维菌素或高效氯氰菊酯或辛硫·高氯氟喷杀。

（6）收获

当薯叶由绿变黄或拔茎摇动，薯块易脱落，表明马铃薯已经成熟，可以收获。收获时间以晴天上午 10 点以前为好；阴天可全天进行。收薯时若表皮脱落会影响品质，可拔掉茎叶，经 3～5 天让薯块木栓化后再挖薯。收获的薯块应随收随运，没有及时运走的可用茎叶覆盖，不能在太阳下曝晒，否则容易腐烂（图 7-14）。

图 7-14　马铃薯

（四）油茶林下种牧草

油茶林下种牧草如百喜草、黑麦草、紫花苜蓿、白三叶、葫芦茶、糙毛假地豆、百脉根、串叶松香草、柱花草、坚尼草和饲用甜高粱等。

1. 油茶林间作百喜草

百喜草又称巴哈雀稗，是一种暖季型的多年生禾草，木质、多节根状茎。百喜草是禾本科雀稗属多年生草本植物，丛生，高可达80 cm。叶鞘基背部压扁成脊，无毛；叶舌膜质，极短，叶片扁平或对折，平滑无毛。9月开花结果，总状花序对生，腋间长柔毛，小穗卵形，平滑无毛，花药紫色，柱头黑褐色。原产于美洲，在中国引种栽培，对土壤要求不严，在肥力较低、较干旱的沙质土壤上生长能力仍很强，热带和亚热带等南方大部分地区都适宜种植，年降水量高于750 mm的地区适宜生长。百喜草的耐旱性、耐暑性极强，耐寒性尚可，耐阴性强，耐踏性强。适宜作为护坡植被（图7-15）。

图7-15 油茶林间作百喜草

（1）整地施肥

百喜草喜欢偏酸性的沙性土壤。种植前要在油茶林中距离树基60cm以外，深翻20cm整地作床或者开条头沟用于播种。播前最好施足量的磷肥和钾肥，特别是磷肥对百喜草的生长非常关键，每公顷施375 kg钙、镁、磷及家畜肥3000～4200 kg作为基肥，播前通过整地将肥料或土壤改良剂埋入地表下约 10 cm 深，效果最好。氮肥最好不要作为底肥在播种前施用，因为氮肥易促进杂草的生长。

（2）播种和繁殖

百喜草适宜于春季或初夏播种，3—6 月为好，秋季栽植也能成活。在降雨量不充分且缺乏灌溉条件时，不宜在夏季播种。按播种床或条沟面积计算播种量为 10～15 g/m²，种子表面有蜡质，播种前宜先浸水一夜再播种，以提高发芽率，播种深度 1 cm。播后的 3～5 周内，每日要多次少量地进行灌溉，苗出齐后要减少灌溉次数，但灌水量要增加，以促进百喜草根系的发育。百喜草也有很多品种，如小叶种较耐寒，实生苗繁殖力强，生长迅速，种子发芽率 50%；而大叶种较不耐寒，不适宜冬季繁殖，但产草量高，种子发芽率很低，约为 20%，一般用扦插繁殖。百喜草也能采用分株繁殖，以匍匐茎扦插。由于其节上生根，极易成活，成活率可达 100%。

（3）栽培管理

百喜草基生叶多而耐践踏，匍匐茎发达，覆盖率高，所需养护管理水平低。百喜草苗期的生长速度较为缓慢，幼苗较弱，与杂草的竞争力较弱，苗期的杂草危害较为严重。因此，播种前后均应特别注意防除杂草。伏旱栽植后要适当浇水 1～2 次，栽植初期应及时除杂草，2～3 个月后即可完全覆盖地表。根据生长情况割青后及时追施氮肥 225～300 kg/hm²，以促进百喜草的分蘖和生长，提高鲜草产量。百喜草能抗多种病害和虫害，但对币斑病和蝼蛄比较敏感。

百喜草质地粗糙，色泽淡绿，非常耐瘠薄。抗热、抗旱和抗病虫害能力强，稍耐阴，耐酸性土壤。百喜草具有发达的根系，所以又能作为水土保持植物。它主要通过分蘖和短的地下根茎向外缓慢扩展，侵占性中等，形成的草丛较为开阔。百喜草特别适合在沙质土壤，特别是 pH 值较低的酸性土壤上生长。由于百喜草的植株较为高大，而且生长速度快，所以在油茶林地间种时，需经常刈割，保持 4.5～7.0 cm 的高度。在贫瘠的土壤上生长良好，而且有一定的耐阴性，或与高羊茅等其他草种混合种植。

百喜草的耐旱性良好，但定期灌溉或在降雨比较均匀的情况下生长最好。在冬季无霜冻的地区，百喜草可以保持终年常绿，在冬季气温比较低的地区，百喜草有一定的枯黄期，可以用一年生或多年生黑麦草盖播，以保持草坪的绿色。

（4）收获

百喜草是一种优良的牧草，百喜草茎叶柔嫩，营养丰富，氨基酸种类完全，谷氨酸含量高，适口性好，是牛、羊、猪、兔、鹅、鱼等的优质饲草，如喂猪能节省10％的精饲料。每公顷年产鲜草40～75 t。改土增肥效果好，土壤有机质可增加2％。百喜草速生快，覆盖性能好，固土保水性显著，是水保优良草种。此外，百喜草绿期长，叶量多，草层厚，特别耐践踏，可作为绿化美化种植材料。

2. 油茶林间作白三叶

白三叶又名白车轴草、白三草、车轴草、荷兰翘摇等，为豆科车轴草属多年生草本植物，是优良豆科牧草。白三叶性喜温暖湿润气候，喜光，生长竞争力强，耐寒耐热性强，具有一定的耐旱性，耐涝性稍差。对土壤要求不严，在pH值4.5的土壤中也可正常生长。再生能力强，耐践踏（图7-16）。

图7-16　白三叶

（1）整地施肥

选择郁闭度在0.3以下的油茶林地耕作带，翻耕后亩施腐熟有机肥1000～1500 kg、过磷酸钙30 kg、0.5 kg辛硫磷粉，混匀，精细整地。

（2）播种

选择耐热品种，以秋季（9—11月）直播为佳，撒播或条播，条播行距30 cm。播种前可用50％多菌灵可湿性粉剂按种子重量的0.5％拌种或每100 kg种子中加入30％恶霉灵水剂500 g兑水100 kg拌种，晾干后再按1 kg种子与10 g根瘤菌种和少量细土拌匀，均匀撒播，播后覆土1～2 cm，浇足水。单播每亩用种0.5 kg；最好与牛尾草、黑麦草等混播，混播时白三叶播种量以30％为宜。

（3）栽培管理

1）除草：注重播种，当年及翌年春夏除草，出苗后当年进行2～3次人工除草，当白三叶草全草覆盖后，以后各年杂草只零星发生，基本上免除杂草危害。

2）追肥：出苗后可每亩施尿素5～10 kg或复合肥10 kg促壮苗，每次割草后每亩施复合肥10～15 kg，配施钼、硼微肥。

3）水分管理：苗期干旱要适当浇水，雨季要清沟沥水，在栽培区全草覆盖后，不宜浇水，以免发生枯萎病等病害。

4）病虫害防治：叶斑病、菌核病、白绢病、白粉病、茎腐病、根腐病等病害可用克霉丹、百菌清、代森锰锌、扑海因、甲霜灵、粉锈宁、多菌灵、杀毒矾等杀菌剂喷雾防治。蝼蛄、地老虎可用辛硫磷杀灭，红蜘蛛、斑鞘豆叶甲、叶蝉、斜纹夜蛾等可用阿维菌、菊酯类农药杀灭。

（4）刈割与利用

作饲用可在孕蕾期至初花期（1/10植株开花）时刈割，刈割时留茬不低于5 cm，每年可刈割3～5次。

白三叶营养丰富，可鲜喂或晒制干草，也宜青贮以供淡季饲喂。鲜喂应控制喂量，反刍动物（牛、羊）食用过多会发生腹胀，最好与禾本科草以1：2比例混喂或放牧前饲喂少量干草。

3. 油茶林间作黑麦草

黑麦草为禾本科黑麦草属的多年生植物（图7-17），秆高30～90 cm，基部节上生根质软。叶舌长约2 mm；叶片柔软，具微毛，有时具叶耳。穗形穗状花序直立或稍弯；小穗轴平滑无毛；颖披针形，边缘狭膜质；外稃长圆形，草质，平滑，顶端无芒；两脊生短纤毛。颖果长约为宽的3倍。花果期5—7月。黑麦草喜温凉湿润气候，宜于夏季凉爽、冬季不太寒冷的地区生长。10℃左右能较好生长，27℃以下为生长适宜温度，35℃左右生长不良。黑麦草在年降水量500～1500 mm的地方均可生长，而以降水量1000 mm左右为适宜。较能耐湿，但排水不良或地下水位过高也不利于黑麦草的生长。不耐旱，尤其夏季高热、干旱更为不利。对土壤要求比较严格，喜肥不耐瘠。略能耐酸，适宜的土壤pH值为6～7。黑麦草粗蛋白4.93%，粗脂肪1.06%，无氮浸出物4.57%，钙0.075%，磷0.07%。其中粗蛋白、粗脂肪比本地杂草含量高出3倍。

图7-17 黑麦草

（1）整地施肥

选择郁闭度0.5以下的油茶林耕作带，深翻土壤，捡净杂草，每亩施用1000～1200 kg腐熟厩肥或20～30 kg发酵好的饼肥，精细整地，表土细碎。

1）选择土质疏松、质地肥沃、地势较为平坦、排灌方便的土地进行种植。

2）播种前对土地进行全面翻耕，保持犁深到表土层下 20～30 cm，精细重耙 1～2 遍，并清除杂草，破碎土块后镇压地块，使土壤颗粒细匀，孔隙度适宜。开沟作畦，沟深 30 cm，宽 30 cm，畦的方向依地形而定以便于排灌，畦宽 2～3 m。

3）施足底肥，每亩施 1000～1500 kg 的农家肥或 40～50 kg 钙镁磷肥。

4）将整理好的土地以 1.5～2 m 进行开墒待用。按每亩 1.2～1.5 kg 进行播种。

（2）播种

牧草的播种方法有条播、点播、撒播三种，一般以条播为主，辅以点播和撒播。条播：将整理好待用的土地以 1.5～2 m 进行开墒，以行距 20～30 cm，播幅 5 cm，按每亩 1.2～1.5 kg 的播种量进行播种，覆土厚 1 cm 左右，浇透水即可；零星地块用点播的方法进行，其方法是：按株行距 15 cm×15 cm，按每亩 1 kg 左右（每行 8～12 粒）的播种量进行播种，覆土厚 1 cm 左右，浇透水即可。

（3）播后管理

在幼苗期要及时清除杂草，每一次收割后要进行松土、施肥，每亩施入尿素 10 kg，应特别注意施肥必须在收割后两天进行，以免灼伤草茬。因各种因素造成缺苗的要及时进行补播。

病虫害防治。黑麦草常见害虫有亚洲飞蝗、宽须蚁蝗、小翅雏蝗、狭翅雏蝗、西伯利亚蝗、草原毛虫类、秆蝇类、粘虫、意大利蝗、蛴螬、蝼蛄类、金针虫类、小地老虎、黄地老虎、大地老虎、白边地老虎、大垫尖翅蝗、小麦皮蓟马、麦穗夜蛾、叶蝉类、青稞穗蝇等。防治方法：针对出苗后主要有地老虎和蛴螬等危害牧草，可用敌百虫、百树得等相关药物在天黑前喷雾防治，可采用灌水方式防治地老虎。

（4）刈割与用途

播种后 40～50 天即可割第一次草，割草时无论长势好坏都必须收割，第一次收割留茬不能低于 3.3 cm，以后看牧草的长势情况，每隔

20～30 天收割一次，留茬不能低于 3.3 cm。同时根据实际情况，可留至拔节期收割。第一茬草适当早割，这样可促分蘖。饲喂牲畜用不完的青草可进行青贮备用。

青刈舍饲。黑麦草营养价值高，富含蛋白质、矿物质和维生素，其中干草粗蛋白含量高达 25％以上，且叶多质嫩，适口性好，可直接喂养牛、羊、马、兔、鹿、猪、鹅、鸵鸟、鱼等。用以饲喂牛、马、羊、鹿，尤以孕穗期至抽穗期刈割为佳，可采取直接投喂或切段饲喂；用以饲喂猪、兔、家禽和鱼，则在拔节至孕穗期间刈割为佳，以切碎或打浆拌料喂给。青刈舍饲应现刈现喂，不要刈割太多，以免浪费。

青贮。黑麦草青贮，可解决供求上出现的季节不平衡和地域不平衡问题，同时也可解决盛产期雨季不宜调制干草的困难，并获得比青刈玉米品质更为优良的青贮料。在抽穗至开花期刈割，应边割边贮。如果黑麦草含水量超过 75％，则应填加草粉、麸糠等干物，或晾晒 1 天消除部分水分后再贮。发酵良好的青贮黑麦草，具有浓厚的醇甜水果香味，是最佳的冬季饲料。

黑麦草间歇放牧。黑麦草生长快、分蘖多、能耐牧，是优质的放牧用牧草，也是禾本科牧草中可消化物质产量最高的牧草之一。常以单播或与多种牧草作物如紫云英、白三叶、红三叶、苕子等混播。如果在油茶林中养殖鸡、鸭、鹅等小型家禽牲畜时，在不影响油茶树体生长和林地管理情况下可以进行间歇放牧。一般在播后 2 个月即可轻牧一次，以后每隔 1 个月可放牧一次。放牧时应分区进行，严防重牧。每次放牧的采食量，以控制在鲜草总量的 60％～70％为宜。每次放牧后要追肥和灌水一次。

调制干草和干草粉。黑麦草属于细茎草类，干燥失水快，可调制成优良的绿色干草和干草粉。一般可在开花期选择连续 3 天以上的晴天刈割，割下就地摊成薄层晾晒，晒至含水量在 14％以下时堆成垛。也可制成草粉、草块、草饼等，供冬春喂饲，或作商品饲料，或与精料混配利用。

二、林下养殖

油茶属于小乔木，分枝多而开张，油茶果周年生长，树冠底部距地近，特别是矮化栽培林地和油茶果快速膨大至成熟期，果枝距地更近。在油茶林地放养牛、羊等大型家畜，易造成地面踏坑而积水、折断枝干或树梢、撞落花果，对油茶生产影响大。油茶属异化授粉植物，在花期科学放养蜜蜂，既可利用油茶花蜜蜂资源，又可提高茶籽产量。油茶林种草散养鸡和放养鹅，能为油茶林除草、除虫和施肥，实现生态种养。但要注意的是，在油茶花期应将林下放养的家禽牲畜关栏养殖，避免影响开花授粉而减产。

（一）油茶林下养蜂

油茶开花数量多，花大，花期长，流蜜量大，蜜汁浓，是冬季重要的蜜源。利用油茶花蜜源放养蜜蜂，既可大幅增加油茶花授粉率，提高油茶籽产量，又可增加蜂蜜产品，可获得双丰收（图 7-18）。过去因油茶花蜜和花粉中的半乳糖及生物碱类对中华蜜蜂及意大利蜜蜂造成中毒，使蜂群群势受到严重影响，几乎没有蜂场去采油茶蜜粉。随着油茶产业的发展及蜜蜂养殖的研究，油茶花期林下养蜂受到油茶种植者和蜜蜂养殖者的重视。

图 7-18　油茶蜂蜜

1. 场地选择

1）油茶场地的选择：根据采集蜂群蜜蜂的数量，选择油茶盛花期有足够蜜源的油茶林地；在放蜂期间，采集蜂群活动区的林地及周边没有与油茶同期开花的蜜源植物，迫使蜜蜂采油茶花蜜粉。

2）蜂箱放置场地的选择：油茶花期正值冬季寒潮多发期，蜂箱放置场地要选在背风向阳的地方，最好蜂箱全天能晒到太阳。

3）注意放蜂密度。根据连片油茶林面积及蜂群活动范围，估算放蜂密度，提高油茶蜜产量。

2. 培育强势采集蜂群

在油茶盛花期（10月下旬）到来之前的2个月，做好分蜂繁蜂工作。8—9月，合理分蜂，培育一批新蜂王，利用其他蜜源或饲料糖奖励饲喂，快速繁殖蜂群，培育适龄强势采集蜂群，直到10月越冬蜂出房。

3. 采蜜期蜂群管理

1）无虫化采蜜：在采蜜期，可将蜂王全部用王笼扣起，让蜂王不产卵，蜂群没有哺育任务，这样使大批工蜂投入到蜜粉采集，同时延长工蜂寿命，保持蜂群群势。

2）保温防寒：油茶花期寒潮多发，要做好蜂群的保温工作，箱底垫15 cm厚的稻草，既保温又吸潮，防止潮气进入蜂箱；蜂箱裂缝要用纸糊严，防风；外面盖一层塑料布，白天气温高时撤掉，下午4时盖上，并缩小巢门。在预报将有冷空气停留三天以上的日子到来之前，取出全部油茶蜜，饲喂糖浆或用优质蜜，保障蜂群能够安全度过寒潮。

4. 蜂群解毒

油茶林下放蜂最关键的是蜂群难以消化油茶花粉和花蜜中的植物碱，容易中毒而导致蜂群数量下降甚至全部死亡，因此，要进行科学解毒。常用方法是药物解毒和增强蜂群个体的抵抗力。

5. 油茶花后期蜂群管理

1）治螨：由于油茶花期采取无虫化生产，因此后期抓住时机彻底治一次螨，为蜂群越冬和来年春繁打下良好基础。治螨在12月上旬进行。

2) 换油茶蜜：12月上旬油茶花期快要结束时，只有零星花朵开放，选择一个好天气将油茶蜜摇干净，油茶花粉也要全部抽出。傍晚换上优质浓糖浆，喂足越冬饲料，此时外界无蜜源，要注意防盗蜂。换蜜要在傍晚进行，定地饲养的蜂群群势下降快，要注意保存实力。

3) 喂足越冬饲料：定地饲养的蜂场，油茶是最后一个蜜源，取出油茶蜜之后一定要喂足越冬饲料，最好喂至蜜封盖为止，这样就不用担心寒潮，也不用担心缺蜜。转地放蜂的视蜜源情况，蜜源不足的要及时补足。

4) 防盗：油茶花期结束至次年油茶开花前有几个月的无花期，油茶林区的冬天只要天晴气温还是比较高，一般在17℃～18℃，有时甚至达到20℃，这给蜂群管理带来不少麻烦。这段时间要把防盗放在首要位置，一是将蜂箱缝隙糊严，防止盗蜂进入；二是缩小巢门，加强防卫能力，巢门缩小至只能容1～2只蜂进出；三是白天不喂糖，在傍晚饲喂，饲喂时糖浆不能滴在箱外，若滴落一定要用水冲洗干净；四是少开箱检查。

5) 防鼠：冬季老鼠常在蜂箱边或箱内做窝，啃咬蜂箱、巢脾，扰乱越冬蜂群，一定要做好灭鼠工作。

（二）油茶林下散养土鸡

油茶林下养鸡是生态型养殖的理想场地（图7-19），生态型放养技术是传统的放养技术加现代科学技术。林下养鸡能够达到除草、除虫、自然施肥的效果，充分利用自然资源，实施生态循环经济，是增加社会、经济、生态三大效益的有效途径。

林地鸡舍

林中散养

图7-19 油茶林下散养土鸡

1. 放养场地选择

1）场地选择需远离居住区、农业种植区、地下资源开发区、水资源保护区。

2）选择干燥、空气流通的地方。

3）场区无毒草，无严重鼠害。对黄鼠狼等有害鸟兽能够采取防范措施。

4）场区供水方便、充足，水质安全卫生。饮水槽与放养鸡的最远距离不超过 30 m。

5）放养的坡度在 45°以下，较平整更好，便于鸡群集中与分散。

6）在轮放的情况下，平均每只鸡 $4m^2$ 的土地，每次放 7～10 天。

7）放养林地，应该选野生或种植的豆科、菊科、十字花科等牧草。

2. 棚舍管理

育雏舍面积按每平方米 20～40 只计算，棚舍面积按每平方米 8～10 只计算。各列棚舍要均匀布置，棚舍与牧地之间设专门进出通道和消毒池。围栏面积大小既要因地制宜，又要结合饲养数量来定。在棚舍内准备充足的料槽、饮水器、消毒用具及温湿度控制设施。棚舍内应设置栖息架，每一棚舍容纳 300～500 只后备鸡或 300 只左右的产蛋鸡。每 5～6 只母鸡设 1 个产蛋箱。平时保持鸡舍干燥、通风，定期消毒。

此外，在放养场用竹、木、砖、石头、塑料布等材料搭建易拆除、易移动的简易棚舍，便于栖息，栖床用竹片、木条或树枝以 2～3 cm 间隔铺设，离地面高度 30 cm。

3. 品种选择

选择抗病、品质好、生长快的优良地方土鸡。刚出壳的雏鸡，体质弱，对外界环境的适应性、抵抗力差，必须在育雏室饲养。雏鸡培育需按品种和天气调节合适的温度、湿度，确保环境通风透光，适时投食和饮水等。

4. 放养场管理

雏鸡到 45 天左右，随着外界温度的升高，鸡的羽毛基本丰满，可以到外面树林下放牧活动。在这之前的 1 周，应对运动场进行 1 次全面消毒，拉好围网，高度在 1 m 以上，对放牧场进行全面细致的检查，清除污染物，剔除有害有毒的植物、杂草，并在运动场四周挖排水沟（1 m×1 m），既可沥水排污，又可作为隔离屏障。注意对周围的农作物和油茶林控制农药喷施，防止黄鼠狼及老鼠等对雏鸡的危害。在运动场上备干净的黄沙让鸡自由采食，以帮助消化食物。在林下投放鸡龄选择上，四季各不相同，春秋两季以45天、夏季以30天、冬季以60天为宜。

5. 成鸡的饲养管理

1）以放养为主，适当补饲。一般每天每只投喂饲料50 g即可，投喂时间可选择下午4时左右。

2）在前期外界温度相对较低的情况下，可采取中午放鸡，下午赶入室内。

3）在放养场上配备饮水设施，放置沙堆，同时留一片场地作为补料处。

4）随着鸡龄的增长，场地要随之扩大，让鸡自由活动和采食鲜嫩青草。为限制鸡乱飞，可随时剪短鸡的翅羽。

5）有条件的地方，可在场地上方安装照明灯泡，利用晚间昆虫的趋光性，让鸡捕食昆虫，以增加蛋白质饲料。

6）在放养过程中，定期对禽舍、活动场所、接种工具等用生石灰、百毒杀等进行消毒。鸡舍排泄物要每日清扫，做到鸡舍清洁、通风、干燥。平时生人不要进入鸡舍内或活动场所，以免带来发病风险。如出现病鸡，要及时隔离确定病因，对症治疗，防止引发大规模的发病。

7）预防驱虫。放养之前1周进行第一次驱虫，放养之后30天左右进行第二次驱虫，以后每隔1个月驱虫1次，可选用驱蛔灵、左旋咪唑、丙硫苯咪唑、氨丙啉、泰灭净和克球粉等驱虫药物。

6. 饲料配方

常用饲料配方有：

1）玉米40.5%，小麦20%，麸皮10%，豆饼20%，鱼粉7%，骨粉2%，盐0.5%，适量加入微量元素添加剂。

2）玉米40%，小麦25%，豆饼21%，鱼粉10%，脂肪1%，骨粉1%、贝壳粉1.25%，盐0.25%，维生素微量元素添加剂0.5%。

7. 鸡的免疫

养殖户或企业应提高免疫认识，根据免疫接种的要求，适时正确做好鸡的疾病免疫工作，对鸡危害较重的传染病主要有鸡瘟、鸡痘、鸡传染性支气管炎、鸡法氏囊病、鸡马立克病以及鸡球虫病等。目前我国均已研制出有效的疫苗，具体使用方法应按照使用说明书执行。

1）1日龄内注射马立克疫苗。

2）4~7日龄内用鸡传染性支气管炎疫苗肌内注射，传染性支气管炎二联冻干疫苗 H120 滴鼻。

3）7日龄用鸡法氏囊疫苗滴鼻，17日龄饮水。

4）10日龄内用鸡新城疫Ⅱ系滴鼻。28日龄用鸡新城疫Ⅰ系肌内注射或皮下注射。

第八章　油茶主要有害生物防控技术

　　油茶属常绿阔叶树种，主要产区在北半球季风气候带，在温暖潮湿的天气条件下，发生的病虫危害是较为常见的。据调查，我国危害油茶的病虫害种类繁多，据统计，油茶虫害有 10 目 300 多种，病害有 50 多种，并记录有包括桑寄生、槲寄生等少量的寄生植物。其中危害很大，在生产上造成巨大损失的，主要有油茶炭疽病、软腐病、油茶幼苗期根腐病、油茶尺蠖、油茶毒蛾、茶籽象甲等。

第一节　主要病害及防控技术

　　油茶在不同的季节会发生不同的病害，其中较常见并对生产经济活动带来直接影响的病害主要有炭疽病、软腐病、茶苞病、烟煤病和白绢病等。

一、炭疽病

　　炭疽病是油茶的主要病害。在长江流域以南各省的大面积油茶栽培区，以及河南、陕西南部地区发生普遍。病害发生后，引起严重落果、落蕾、枝梢枯死，甚至整株衰亡。各省（区、市）油茶常年因该病减产 10％～30％，重病区减产可达 40％～50％。在典型林分，由病害引起的落蕾占 26％～45％。由于落果、落蕾，对当年产量影响很大。

　　1. 主要症状

　　果实上的典型病斑为黑褐色或棕褐色圆斑。嫩叶病斑多发生在叶间、叶缘，半圆形或不规则形，黑褐色，常有不规则轮状细皱纹，边缘紫红色。老叶病斑下陷，褐色，有时黑褐色，亦常有不规则、较稀轮纹，病斑边缘紫红色。春季嫩梢上病斑多在基部，呈舌状或椭圆形，褐色至黑褐色。夏、秋季以树基、树干、大枝上不定芽萌发梢的病斑占多数，症状同上，部位以中部居多。在 2～3 年生枝条上病斑为梭形、下陷的溃疡斑。大枝和树干上为轮枝状大型病斑，由外向内逐层下陷，木质部灰黑色（图8-1）。

叶片病斑　　　　　　　　　果实病斑

图8-1　油茶炭疽病

2. 发病规律

一般在炎热、潮湿的季节蔓延最快，每年4月就开始发病，首先是侵染嫩叶、嫩梢；5—6月病原菌侵染果实，8—9月造成落果；10月间侵染花蕾，病蕾脱落，丰收季造成油茶落果，导致油茶果减产20%～40%，最高可达60%以上。

3. 防治方法

（1）在普通油茶林，尤其是重病区，选择抗病高产单株。

（2）禁止从重病区调种；种子在果壳储藏或播种前，用0.2%退菌特可湿性粉剂拌种处理。

（3）早春前，剪除病枝与带有病蕾、病幼果的小枝至病部以下5 cm处；清理地上的病果病叶。刮治大枝和干部病斑。刮口和工具用75%酒精消毒，伤口涂敷波尔多液保护。

（4）结合抚育，抹除枝干上的不定芽，剪除不定芽萌发梢。

（5）根据当地条件，喷药保护。选用药物有：波尔多液1∶1∶100加1%～2%茶枯水；50%多菌灵可湿性粉剂加水500倍液；50%退菌特可湿性粉剂加水800～1000倍液。

二、软腐病

软腐病又名油茶落叶病，我国各油茶产区都有发生，是油茶的主要病害之一。

1. 主要症状

油茶软腐病主要危害油茶叶、芽和果实。病害多从叶尖或叶缘开始，也可在叶片任何部位发生。病斑初呈半圆形或圆形，水渍状，在阴雨潮湿时，迅速扩展为黄色或黄褐色不规则的大斑。芽或嫩叶感病后，随即枯黄腐烂而死。果实发病后造成大量裂果和落果。果实自发病到脱落一般2～4周，自7月开始落果，直至采收时仍有脱落（图8-2）。

1. 叶片病斑后期；2. 叶片病斑中期；3. 叶片病斑早期；4. 果实病斑

图8-2 油茶软腐病

2. 发病规律

4—6月是南方油茶产区多雨季节，气温适宜，是油茶软腐病发病高峰期。10—11月是小阳春天气，如遇多雨年份将出现第二个发病高峰。

3. 防治方法

密度过大的油茶林要及时整枝修剪或疏伐，使林内通风透光良好。冬季清除病叶、病果，消灭越冬病原。苗圃地要选择排水良好的地方，并加强管理。发病时喷洒1∶1∶120波尔多液，或50%退菌特可湿性粉剂加水 600～800 倍液，或 100～300 倍多菌灵。

三、茶苞病

茶苞病又称叶肿病、茶饼病等，主要分布于安徽、浙江、湖南、江西、福建、台湾、广西、广东、贵州等省（区）。

1. 主要症状

本病主要危害花芽、叶芽、嫩叶和幼果，导致过度生长，芽、叶和果肥肿变形，嫩梢最终枯死，影响植株生长和果实产量。开始时表面呈浅红棕色，或淡玫瑰紫色，间有黄绿色。以后，表皮开裂脱落，露出浅白色粉状物。最后粉状物被霉菌所污染，变为黑褐色，病部干缩，长期悬挂枝头而不脱落。嫩叶染病后，常局部出现圆形肿块，表面呈红色或浅绿色，背面为粉黄色或烟灰色，最后病叶脱落（图 8 - 3）。

油茶叶片感病后形成　　　　油茶果实感病后形成茶苞

图 8 - 3　油茶茶苞病

2. 发病规律

该病发生季节明显，在低纬度地区，如在广西中南部一般只在早春发病一次，发病时间相对较短。对于气候较阴凉的大山区，发病期可拖延至 4 月底。病菌有越夏特性，以菌丝形态在活的叶组织细胞间潜伏。病害的初侵染来源是越夏后引起发病的成熟担孢子，而不是干枯后残留枝头的旧病物。病原菌孢子随气流传播，在发病高峰期担子层成熟后大量释放孢子。孢子数量随病源距离的增加而递减，在大风（4～5 级）天气下，孢子的传播距离在 1000 m 以上。

3. 防治方法

在担孢子成熟飞散前，在受害部位以下，剪除受害部分，烧毁或深埋。必要时在发病期间喷洒 1：1：100 波尔多液或 0.5 波美度石硫合剂 3～5 次，亦可达到防病的效果。

四、烟煤病

烟煤病又称煤病或煤污病，在我国各油茶产区都有分布。油茶林受害轻的影响油茶树生长，并造成落花落果，降低油茶籽的产量和品质，受害重的枝枯叶落，终致全株枯死。

1. 症状

受害油茶树枝叶上产生黑色煤尘状菌苔。叶上菌苔最初常在叶片正面沿主脉产生，然后逐步扩及全叶以至叶的背面，并且逐渐增厚，厚度可达 0.5 mm。菌苔表面粗糙，或呈绒毯状。有的煤污病的菌苔，初在叶正面呈黑色圆形霉点，后扩展成不规则形，或互相汇合覆盖整个叶面（图 8-4）。

油茶幼树烟煤病枝叶　　　　　　油茶苗木烟煤病叶

图 8-4　油茶烟煤病

2. 发病规律

病菌以菌丝、分生孢子或子囊壳在病部越冬。次年 3—6 月和 9—11 月为发病盛期。湿度大发病重，盛夏高温停止蔓延。油茶绵蚧和黑刺粉虱是本病发生的诱因，病菌多从这两种虫的分泌物中吸取营养，同时也随蚜虫和蚧壳虫而传播。

3. 防治方法

油茶烟煤病的防治首先应加强油茶林的抚育管理，及时间伐和修枝，保持适当的密度，使林内通风透光，既有利于开花坐果，又可减轻发病程度。初始发病林区，诱病昆虫和烟煤病大都出现在个别或局部枝叶上，可及早除去这些病虫枝叶加以烧毁，以免扩散蔓延。喷施石硫合剂，对烟煤病有良好灭杀效果，但对蚧类害虫的效果稍差。如蚧类发生严重，可喷松脂合剂 12～20 倍液。

五、白绢病

白绢病又称菌核性根腐病，主要发生在热带和亚热带地区。我国南方各省的油茶产区发生较普遍，苗木受害严重。有些地方的苗圃，油茶发病率可高达 50% 以上，引起苗木大量死亡。

1. 主要症状

病害多发生于接近地表的苗木基部或根颈部。先是皮层变褐腐烂，不久即在其表面产生白色绢丝状菌丝层，并作扇形扩展，天气潮湿时，可蔓延至地面上。而后长出油茶籽状小菌核，初白色，后变淡红色、黄褐色，以至茶褐色。苗木受害后，影响水分和养分的输送，以致生长不良，叶片逐渐变黄凋萎，最终全株枯死。病苗容易拔起，其根部皮层腐烂，表面有白色菌丝层及菌核产生（图 8-5）。

油茶容器杯苗感病　　　　　　　油茶圃地感病

图 8-5　油茶白绢病

2. 发病规律

在幼树根病部和土壤中越冬，主要通过伤口侵入，也可直接侵入。每年4月中旬开始发病，4—5月和9—10月为发病高峰期，7—8月为重病树死亡期，11月病害停止发生。

3. 防治方法

发病初期，用1‰硫酸铜液浇灌苗根，以防止病害继续蔓延，或用萎锈灵10 mg/L，或氧化萎锈灵25 mg/L以抑制病菌生长，也有良好的效果；在菌核形成前，拔除病株，并仔细掘起其周围病土，加入新土；在发病迹地上，每亩施用石灰50 kg，可以减轻下一季度的病害；注意排水，消灭杂草，并增施有机肥料，以促使苗木生长旺盛，增强抗病能力。发病严重的圃地，可与禾本科作物，如玉米、高粱等进行轮作，轮作年限应在4年以上。

第二节　主要虫害及防控技术

油茶大多处于自然或半野生状态时，与其共生为害的动物较多，以取食枝、叶、花、果、根、茎和树液等，对油茶生产和产量造成了一定影响，严重时导致油茶植株的死亡；主要害虫如油茶毒蛾、油茶尺蠖、茶籽象甲、茶蚕、茶枝镰蛾、茶梢蛾、油茶绵蚧和茶天牛等。油茶虫害周年性都会存在，每年的4—10月是油茶虫害主要成灾性的关键时期。为此，我们将其分为食叶害虫、枝梢害虫和其他害虫等。

一、食叶害虫

主要包括油茶毒蛾、油茶尺蠖、茶蚕等。

1. 油茶毒蛾

油茶毒蛾又名茶黄毒蛾、油茶毛虫、毛辣虫、茶辣子。各油茶产区均有分布。

（1）形态特征及习性

雌蛾体长10～13 mm，全体黄褐色，雄蛾体长7 mm，全体黑褐色。卵乳黄色，扁圆形。卵块外有黄色绒毛覆盖。幼虫体长11～20 mm。第

4～11节两侧各有黑瘤突起两对，背上一对较大，瘤上簇生黄色毒毛。一般1年发生2～3代，以卵越冬。幼虫常聚集为害，在树干附近土中或在枯枝落叶中结茧化蛹。成虫有趋光性，产卵在叶背中脉附近，覆有乳黄色绒毛（图8-6）。

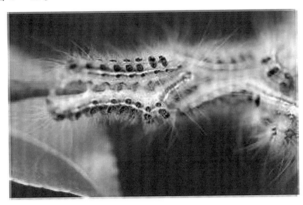

图8-6　油茶毒蛾幼虫

（2）防治方法

1）化学防治。3龄前可用0.2%阿维菌素2500～3000倍液、0.36%苦参碱乳油1000倍液、2.5%功夫菊酯3000～4000倍液进行喷雾防治。

2）生物防治。4月中下旬每亩用1.5万亿～2万亿白僵菌孢子喷雾或含孢量100亿/g白僵菌原粉1 kg喷粉防治幼虫。

3）人工防治。越冬卵期结合茶籽收摘进行人工摘卵。此外，进行油茶抚育、蛹期垦复也有一定防治效果。

2. 油茶尺蠖

油茶尺蠖又名油茶尺蛾、量尺虫、吊丝虫，是油茶的主要害虫。各油茶产区均有发生。

（1）形态特征和习性

油茶尺蠖成虫体长14～18 mm，灰褐色。幼虫体长可达54 mm，黄色，杂生黑褐色斑点，头顶有显著的三角形凹陷。蛹棕黑色，椭圆形，头顶两侧具有刻纹的耳状突起2个。在油茶林1年1代，以蛹在茶蔸附近疏松潮湿土面及枯枝落叶层中越冬，翌年2—3月成虫羽化，成虫于3月上旬开始产卵于枝干上，至 4 月中旬孵化，幼虫 6 月上旬开始陆续入土化蛹（图 8-7）。

图 8-7　油茶尺蠖成虫

（2）防治方法

1）物理防治。在秋、冬季结合复垦挖蛹，把翻出土面的蛹直接杀死，被翻入土内的蛹不易羽化出土。

2）生物防治。用苏云金杆菌含孢子数 0.5 亿~1.0 亿/ml 的菌液防治 3~4 龄幼虫；用白僵菌含孢子数 0.5 亿~0.7 亿/ml 的菌液防治 4 龄幼虫。

3）药剂防治。幼龄幼虫期可喷洒阿维菌素、20％氰戊菊酯乳油 2000~3000 倍液进行防治。

3. 茶蚕

茶蚕又名茶狗子、毛虫、茶叶家蚕、无毒毛虫等，为油茶的重要食叶害虫，分布于安徽、湖南、江西、福建、浙江、广东、台湾、广西、湖北、云南等省（区）。

（1）形态特征和习性

成虫体长 12~20 mm，展翅 26~60 mm，体翅咖啡色，有丝绒状光泽。卵椭圆形，黄褐色。幼虫体长可达 55 mm，黑褐色，头棕色。一般 1 年 2~3 代（安徽 2 代、广东 4 代）。以蛹在土中越冬，但温暖地区在冬季各种虫态可同时出现。成虫飞翔力弱。初期幼虫有群集性，4 龄后逐渐分散，在树基或枯枝落叶中结茧化蛹，蛹多集结在一处（图8-8）。

茶蚕成虫　　　　　　　　　　茶蚕卵

图8-8　茶蚕

（2）防治方法

1）结合秋冬油茶垦复培土消灭越冬蛹。

2）利用幼虫的群集性，人工捕捉或摘除卵块。

3）当孵化率达16%～20%时，每亩用100亿/g的苏云金杆菌孢子菌粉0.5 kg，兑水100 kg喷雾。

4）在幼虫发生期喷洒鱼藤酮300倍液。

二、枝梢害虫

主要包括茶枝镰蛾、茶梢蛾、茶天牛等。

1. 茶枝镰蛾

茶枝镰蛾又名油茶蛀茎虫、油茶织蛾、茶枝蛀蛾、茶钻心虫，是油茶的主要害虫。分布于广东、福建、台湾、江西、浙江、江苏、湖南、安徽、四川、贵州和云南等省（区）。

（1）形态特征和习性

成虫体长15～18 mm，翅展32～40 mm。体、翅茶褐色，前翅中央有两个圆圈白斑。卵马齿形，淡米黄色，具网状刻纹，散生。幼虫体长25～30 mm，头部黄褐色。蛹长18～20 mm，黄褐色，腹末有一对突起（图8-9）。1年1代，以幼虫在被害枝条内越冬。成虫有趋光性，产卵于顶芽基部，每处一粒。初孵幼虫由叶腋蛀入芽鞘，以后由上而下蛀食木质部，每隔一定距离，有一圆形排泄孔，排出黄棕色颗粒状粪便，为此虫危害的主要特征。如已化蛹，羽化孔外部有丝膜封闭。

图8-9 茶枝镰蛾

（2）防治方法

1）加强林地管理。7—9月剪除被害枝，集中烧毁。

2）物理防治。成虫羽化盛期设黑光灯诱杀。

3）化学防治。必要时用低毒农药塞进虫孔后用泥封住，毒杀幼虫。

2. 茶梢蛾

茶梢蛾又称茶梢尖蛾，主要为害油茶和山茶等。分布于江西、湖南、江苏、安徽、浙江、贵州、四川、福建、广东、广西、云南等省（区）。

（1）形态特征和习性

成虫体长5～7 mm，深灰色带金属光泽，卵淡黄色，椭圆形。幼虫体长8～10 mm，头小，深褐色，腹足不发达。蛹长5～7 mm，黄褐色，近圆筒形，腹末有一对向上伸出的突起。多数地区1年1代，福建、广东则1年2代。以幼虫在油茶梢或叶片内越冬。成虫趋光性强，初孵幼虫从叶背潜食叶内，形成直径3～5 mm的潜斑，被蛀枝梢有蛀孔。

（2）防治方法

1）加强苗木调运检疫，防止传播蔓延。

2）剪除被害梢，集中放置林间纱笼内，待寄生蜂羽化后，茶梢蛾成虫羽化之前烧毁。

3）根据茶梢蛾成虫具有趋光性强的特性，利用黑灯光诱杀。

4）5—6月对严重受害林区用2‰吡虫啉颗粒加柴油和水〔（1：0.5）～（1：2）〕，再掺适量细黄泥搅拌均匀，调成糨糊状涂于危害处，具有显著效果。

5）每年4月中下旬越冬幼虫转蛀时（即转梢危害），用含孢子$2×10^8$/ml的白僵菌喷雾或喷粉。

3. 茶天牛

茶天牛又名楝树天牛、茶褐天牛。分布于浙江、安徽、江西、福建、贵州、广东、广西、台湾等省（区）。

（1）形态特征和习性

成虫体长23～33 mm，灰褐色，翅面呈黄褐色绢状光泽。卵乳白色，长椭圆形，一端稍尖。幼虫体长30～45 mm，体乳白色。蛹长约25 mm，乳白色，复眼黑色（图8-10）。在湖南、江西等地3年1代，第1年、第2年以幼虫越冬。幼虫可沿主根往下蛀食33.3 cm深，虫道大而弯曲，有大量蛀屑排出孔外，化蛹多在根颈部。

茶梢蛾危害状　　　　　　　　茶梢蛾幼虫

图8-10　茶梢蛾危害状示意图

（2）防治方法

1）结合油茶垦复，培土埋根茎，减少成虫产卵机会。

2）在成虫出现前，于主干、根茎部用白涂剂涂刷，防止产卵。

3）成虫发生期人工捕捉或安装诱虫灯诱杀成虫。

4）药剂防治。向有虫树木的干部注入10％吡虫啉可湿性粉剂1500倍液，然后用黏土团封塞洞口。

三、其他害虫

1. 茶籽象甲

茶籽象甲又名山茶象、茶籽象鼻虫，是为害油茶籽的主要害虫。分布于安徽、浙江、福建、江西、湖南、贵州、云南、四川、陕西等省。

（1）形态特征和习性

成虫体长 8～11 mm，黑色，覆盖白色和黑褐色鳞片。卵黄白色，长椭圆形，一端稍尖。幼虫体长 10～20 mm，多为金黄色（图 8-11）。蛹长 9～11 mm，黄白色。一般 2 年 1 代（少数地区 1 年 1 代），跨三个年度，世代重叠。成虫喜阴，有假死性。

图 8-11　茶籽象甲

（2）防治方法

1）物理防治。冬挖夏铲，结合修枝抚育，降低虫口密度；定期收集落果，以消灭大量幼虫；在成虫发生盛期，用盆或瓶盛置糖醋液，诱杀成虫；摘收的茶果堆放在水泥晒场上，幼虫出果后因不能入土而自然死亡。也可堆放在收割后的稻田里，幼虫出果入土，第 2 年放水灌田，也可淹死幼虫。

2）生物防治。在高温高湿的 6 月用白僵菌防治成虫。

3）药剂防治。在 4—7 月成虫盛发期，用绿色威雷 200～300 倍液于成虫羽化前喷 1 次。

2. 油茶绵蚧

油茶绵蚧又名油茶白毛蚧、蜡丝蚧、日本卷毛蚧。江西、浙江、湖南、安徽等油茶产区均有分布。

（1）形态特征和习性

雌成虫体长 4～5 mm，无翅，长椭圆形。雄成虫有翅一对，体淡黄色，尾部有一对细长的蜡丝。卵极小，肉白色，长圆形。初孵若虫淡黄色，2 龄后开始分泌蜡毛。1 年 1 代，以受精雌成虫越冬。

（2）防治方法

1）营林措施。适度整枝抚育，及时清除虫源。

2）生物防治。保护和利用宽缘唇瓢虫，中华显盾瓢虫等，瓢虫成虫以蚧若虫为食，幼虫专食蚧卵，捕食量极大。

3）化学防治。25％高渗苯氧威可湿性粉剂 300 倍液，应选择晴天，由下朝上喷雾。

第三节　油茶寄生性植物

油茶的有害植物主要是指油茶上的寄生性植物，油茶受害后，在枝干上丛生着寄生植物的植株，不仅夺取水分和营养物质，使寄主受到生理危害，而且受害枝干的受害处稍许肿大，以后逐渐发展生长成瘤状，由于寄生植物的吸附根向下延伸，因而油茶受害枝干往往会变成马腿状的生长瘤，木质部纹理被破坏，严重时枝干枯朽或整株死亡。

一、桑寄生

1. 植物特性

桑寄生为常绿寄生小灌木。老枝无毛，有凸起灰黄色皮孔，小枝梢被暗灰色短毛。叶互生或近于对生，革质，卵圆形至长椭圆状卵形，长

3～8 cm，宽2～5 cm，先端钝圆，全缘，幼时被毛；叶柄长1～1.5 cm。聚伞花序1～3个聚生叶腋，总花梗、花梗、花萼和花冠均被红褐色星状短柔毛；花萼近球形，与子房合生；花冠狭管状，稍弯曲，紫红色，先端4裂；雄蕊4；子房下位，1室。浆果椭圆形，有瘤状突起（图8-12）。花期8—9月，果期9—10月。

图8-12　桑寄生

2. 防治方法

①对受害的油茶结合抚育或在12月至翌年1月油茶幼果还小时，破除寄生枝，在吸根侵入寄主的地方，由下而上先砍两刀，再从上往下砍除，以免砍口撕裂。砍后用刀将根盘刮净，以防寄生残根再发。为彻底清除寄生植物，还要将油茶林周围其他树上的寄生植物砍除。②加强抚育管理，增强树势，减少被害，抚育管理要连年坚持，才可防止桑寄生的发生。

二、无根藤

1. 植物特性

无根藤，寄生缠绕草本，借盘状吸根附于寄主上。茎线状，绿色或绿褐色。叶退化为微小鳞片。花极小，两性，白色，长不到2 mm，组成长2～5 cm的穗状花序，能育雄蕊9，分3轮。果实小，球形，直径约7 mm（图8-13）。分布于云贵、湖广、江西、福建、台湾、浙江等地的灌木丛。

2. 防治方法

①加强抚育管理，砍去杂灌木，清除杂草，适当整枝，以利油茶生长，促使林地早日荫蔽，减少无根藤发生。②冬季深挖垦复，把落在地上的无根藤种子深翻入土，使之不能萌发，特别要砍除缠绕在油茶树上的无根藤，将残藤从寄主树冠上除掉。

图 8-13　无根藤

三、菟丝子

1. 植物特性

菟丝子又名吐丝子、无根草、萝丝子，为旋花科菟丝子属下的一个种，是一种生理构造特别的寄生植物，其组成的细胞中没有叶绿体，利用爬藤状构造攀附在其他植物上，并且从接触寄主的部位伸出尖刺，戳入宿主直达韧皮部，吸取养分以维生，更进一步还会储存成淀粉粒于组织中。一年生寄生草本。茎缠绕，黄色，纤细，直径约 1 mm，无叶。花序侧生，少花或多花簇生成小伞形或小团伞花序，近于无总花序梗；苞片及小苞片小，鳞片状；花梗稍粗壮，长仅 1 mm 许；花萼杯状，中部以下连合，裂片三角状，长约 1.5 mm，顶端钝；花冠白色，壶形，长约 3 mm，裂片三角状卵形，顶端尖锐或钝，向外反折，宿存；雄蕊着生花冠裂片弯缺微下处；鳞片长圆形，边缘长流苏状；子房近球形，花柱 2，等长或不等长，柱头球形。蒴果球形，直径约 3 mm，几乎全为宿存的花冠所包围，成熟时有整齐的周裂。种子 2～49，淡褐色，卵形，长约 1 mm，表面粗糙（图 8-14）。

2. 防治方法

①将菟丝子消灭在种子发芽前和幼苗生长期间，发现危害时，立即将菟丝子和被害部分除掉，决不能让其开花结果和扩大蔓延。②在播种前，苗圃地要深翻，将菟丝子种子或幼苗深埋。发现菟丝子危害后，还可喷洒菟丝子菌粉，每亩 1.5～2.5 kg，或喷药液（工业品 0.2～0.4 kg，或土制品 1.0 kg 加水 100 kg），也可选用对油茶无药害的化学除草剂防治。此外，槲寄生是桑寄生科寄生属的常绿小灌木，黄绿色，呈双叉分枝，枝的顶端着生叶片一对，叶对生，厚革质，倒卵形，花单性，雌雄异株，但常常寄生在同一寄主上，果实为橙黄色，侧根产生不定芽，寄生多在树皮，形成新植株。③结合抚育，剪除寄生枝，适宜时间是开花结果而果实尚未成熟阶段。④果实成熟前，砍去寄生部位下 20 cm 的寄生植株，或用高浓度硫酸亚铁喷洒在寄生植物上，以杀死寄生植株。

菟丝子危害油茶幼树

菟丝子（苔）

图 8-14　菟丝子

第九章　油茶果实采收与初加工

　　油茶籽的采收处理是指油茶果实充分成熟后，经采摘果实并脱除外果皮或捡取落籽，至可用于制取油脂的过程，主要包括茶果采收、果壳分离、茶籽干燥和茶籽贮藏等方面。为了保证茶籽油具有良好的品质和理化指标，必须保证茶籽在采收、烘干、贮存和运输过程中不变质，因此，果实的采收和初加工显得尤为重要。

第一节　果实采收

　　采用人工或机械的方式进行采收，避免损伤花蕾、折枝取果。茶籽收摘主要有摘果和收籽两种方式，摘果是果实成熟时直接从树上采摘鲜果，然后集中处理出籽，是目前普遍采用的采收方式（图9-1）。而收籽则是让果实完全成熟后，种子与果壳分离、从树上掉下来后再捡收，此法适用于坡度较陡、采摘运输不方便的种植区，但由于成熟期不一致，采收时间长，而且遇雨天种子易霉烂变质，影响质量。

图9-1　油茶果实成熟

一、油茶果采收时期

　　我国油茶树品种较多，果实成熟期一般在10—11月。不同油茶品种，采收时间不同，茶籽出油率也不同。即使是同一油茶品种，在不同时间采收，出油率均有差异。应在油茶果实成熟时开始采摘，不宜单纯按节气确定采摘时间。成熟果实有如下特征：油茶果色泽鲜艳、发红或发黄、呈现油光，果皮茸毛脱尽，果基毛硬而粗，果壳微裂，籽壳变黑发亮，茶籽微裂，容易剥开。农民群众总结了采收油茶果的重要经验："寒露早、立冬迟，霜降采摘正适时"，而且还要求紧紧抓住"前三后七采摘适宜"——即霜降前三四天开始采摘到霜降后七八天摘完为最好。因此油茶籽采收要把握好以下三个关键点：

1. 分时节看品种

我国栽植的大都为普通油茶，按其特征、特性、成熟期主要不同分为两大品种群：即寒露籽、霜降籽。寒露籽树冠小，叶小而密，果小皮薄，油茶果内含种子1～3粒，寒露时（每年10月7—8日）成熟、采收；霜降籽树冠较大，果中大，油茶果内含种子4～11粒，霜降时（每年10月22—23日）成熟、采收。

2. 立地观果色

虽然寒露籽类型品种在寒露时成熟，霜降籽类型品种在霜降时成熟，然而所处的立地条件不同，成熟时间也不一致。一般是高山先熟，低山后熟；阳坡先熟，阴坡后熟；老林先熟，幼林后熟；荒芜油茶先熟，熟土油茶后熟。采摘时，要注意选"熟"。

3. 采样定成熟

根据油茶品种成熟季节，观察油茶籽成熟程度。到林内随时采少量球果，剥开，发现油茶籽发亮，进一步剥开种仁，种仁白中带黄，现油亮，证明球果已充分成熟，这时可全面开山采收。

二、油茶果采收方式

油茶果的采摘时间直接关系其产量和品质，确保适时采收能够保证油茶籽的产量和品质，提高出油率。未完全成熟的油茶果，在烘干和晒干处理过程中不易开裂，容易出现"死果"现象，需要人工锤击才能破壳取仁。此外，也应避免过迟采摘，否则，易引起油茶果掉落或开裂，不但油茶籽容易发生霉变变质，且油茶籽散落，收捡困难，易造成不必要的浪费。

油茶籽在成熟过程中其含油量的增长。平台期为油茶籽中营养物质和油脂合成前体物质的贮备过程，当达到一定量时，进入油脂转化期，油脂含量快速增加。8月下旬至10月下旬果实成熟前为油脂转化积累期，此时果实体积增长极少，但果皮刚毛大量脱落，果实充分成熟，油脂的积累直线上升并达到高峰。除了油脂含量的极速变化，油茶籽的出仁率、含水率及油脂的脂肪酸组成也在发生着重要变化。过早采收或过晚捡拾落地籽都有造成油脂酸值和过氧化值升高的风险；过早采收还会导致油中油酸含量、角鲨烯、β-谷甾醇及维生素等含量偏低。

油茶果采摘还存在难度大的问题，主要是因为生长在不同坡度的山上以及花果同期等。油茶主要分布区域为山地、丘陵，道路不便，路面较窄、急弯多、坡面高差大，交通运输极为不便，多数地区还存在肩挑圆箩筐的原始方式上山采摘收集油茶果，劳动强度大。花果同期是油茶果的一大特征，民间俗称"抱子怀胎"，即采摘油茶果之时，又正是新油茶花含苞待放之期，因此在采摘油茶果时，尽量不折断枝丫，并注意保留花蕾，以免影响油茶的明年产量。

目前油茶果"抢收"现象普遍，甚至还陷入利用长时间晾晒对采收的油茶果进行后熟处理以提高油茶籽含油率及茶油品质的误区。由于原料质量与产品品质、安全和效益指标直接相关，因此有必要对油茶果采收时间和后处理方式进行说明。目前油茶果收摘主要有自然落果收籽、人工摘果和机械摘果等三种方式。

1. 自然落果收籽

自然落果收籽是让果实完全成熟后，种子与果壳自然分离，其籽从树上剥落掉下后再捡收。收籽适用于坡度较陡、采摘运输不方便的种植区（图9-2）。此类地区的油茶成熟期不一致，采收时间长，而且遇到雨天种子易霉烂变质，自然落果收籽会影响茶籽质量，因此不值得大力推广。

2. 人工摘果收籽

人工摘果是油茶果实成熟后直接从树上采摘鲜果，然后集中处理出籽，是目前普遍采用的采收方式，油茶果采收后，需要对其进行初步的

图 9-2 油茶自然落果采收

处理。油茶果采后应及时脱掉果蒲取出茶籽，并尽快晒干，遇到阴雨天气时脱壳后低温烘干，避免长时间堆沤，以防止油茶果的生霉腐烂和油脂品质的劣变（图 9-3）。

图 9-3 油茶果实人工采摘

3. 机械摘果

油茶果采摘已成为油茶产业发展最为薄弱的一环，逐渐成为阻碍油茶产业快速发展的瓶颈。由于人工采收存在劳动力需求大、成本高、作业效率低下等缺陷，传统的人工采收方式已经无法满足产业化的需求。随着油茶种植的面积不断增长，油茶果的机械化采收和自动化采收成为人们关注的热点（图 9-4）。研制和推广油茶果采摘装备与技术对油茶产业的健康发展具有重要的意义。

油茶果实的机械化采摘是世界性难题，须充分考虑山区地形、油茶树损伤程度、果实采收率等因素，并且还要考虑机械的制造成本和采收效率。因此目前油茶果采摘机械的研究多集中于可升降的采摘平台和末端执行机构，另外易于推广和轻便的辅助式采摘机也是一个重要的发展方向。

抱杆激振式采摘 　　　　　　　　　抱冠振动式采摘

图9‑4 油茶果实机械采摘

第二节　采后处理技术

油茶果采收后，首先要进行脱壳处理，将脱壳后的茶籽输送到专业制油企业或小作坊制取茶油。因此，油茶果实采收后所进行的脱壳和脱水的过程，简称为油茶初加工，也就是油茶果实到油茶籽的处理过程。油茶果可采用人工摊晒脱粒或机械脱壳。不同产地、林分和成熟期油茶果应分开处理。

一、油茶果传统脱壳技术

传统摘果采收后要及时处理出籽。油茶果采摘后先拌上少量石灰，在土坪上堆沤3～5天，完成油脂后熟过程后再摊晒脱籽，晾干作种或进一步曝晒干燥后用于榨油，主要包含以下过程：

（1）堆沤

油茶果采收回来后，一般要堆沤6～7天，目的是让油茶籽的后熟过程完毕，增加油分。堆沤过程中要对产品进行必要的巡视和翻堆，务必使堆沤充分、彻底、均匀，并根据天气情况进行苫盖或回收，不得受到雨水的淋浇。

（2）晾晒脱壳

晾晒的油茶籽最好在竹垫、竹席上进行，特殊情况下可以在干燥的土地上进行晾晒，不得使油茶籽受潮，影响晾晒效果。晒3～4天后，油茶籽就自然开裂，多数油茶籽能剥离，没有自动剥离的，就要手工剥离。然后过筛、扬净，继续晒干。阴雨天应将茶籽置于通风干燥的地方，厚约20 mm，每天翻动1～2次，防止发热、霉烂或发芽（图9-5）。

图9-5 油茶果翻晒脱壳

二、油茶果机械化脱壳技术

国内由于油茶机械加工起步较晚，还没形成规范的采后处理技术，针对它的研究近几年刚起步，目前常见的机械脱壳方法包括撞击法、剪切法、挤压法、碾搓法、搓撕法。涂立新利用搓擦原理研发了一种油茶果剥壳机，采用螺纹钢条焊成的内外笼式剥壳装置，茶果在内外笼之间受搓挤实现剥壳。由于螺纹钢条间隙不能调整，而油茶果大小不一，茶籽和碎屑有时难免挤入外笼或内笼，因此该装置不能很好地清选茶籽和果壳，对不同大小的油茶果适应性还需要改进。王建等采用剪切原理研发了一种油茶果剥壳机，利用刀片对茶果进行切割剥壳，剥壳速度较快，但油茶籽仁极易被刀片切碎。樊涛等研制的油茶果脱皮机采用挤压原理，将果壳挤裂去皮，脱壳效率较高，但对油茶果大小的适应性也不强，油茶籽仁容易被挤碎。蓝峰等运用撞击、挤压和揉搓原理，研制了油茶果脱壳清选机，采用回转半径不同的脱壳杆，脱壳杆呈一定锥角和扭角，在滚筒里形成楔形脱壳室进行撞击、挤压脱壳，能适应不同大小的油茶果，脱壳效率较高，但只适合堆沤摊晒开裂油茶果脱壳，且结构较为复杂，制作成本高。

由于油茶果是天然生长的植物果，其大小差别较大，而油茶籽承受力差，在一定的压力下就易破碎，损坏籽仁。目前的处理设备没有对油茶果进行大小分类，而是混合加工，由于脱壳工件均为刚性件，接触果壳籽粒的工件是刚性硬件，所以在对油茶果进行加工时，很多大籽被挤压破碎，而小果没有达到脱壳、壳和籽分离的标准，故普遍存在籽仁破碎率高，脱壳效果不佳的状况。在这里，我们尝试推荐以下几种具有代表性的油茶果脱壳技术。

1. 机械剥壳处理技术

早期油茶机械剥壳主要有内外笼式、螺旋片挤压、双辊挤压和锥楔形挤压，等等。

安徽黄山市徽山食用油业有限公司 2010 年研制的油茶果剥壳机主要结构采用内外笼式结构。内外笼都是用一圈螺纹钢条焊成的，同轴心且相对旋转，内外笼之间形成进料端大、出料端小的一楔形剥壳室，油茶果在内外笼之间受搓挤而碎，内笼的内外壁设有倒料输送螺旋叶片，以输送挤入的油茶籽。楔形剥壳室的间隙需根据要处理的油茶果大小来进行调整，因此使用起来不是很方便，许多籽和壳大小接近，使得清选效果不是很好。

广东新大地生物科技股份有限公司 2012 年开发了一种油茶果剥壳机，利用挤压和撞击的方式脱壳，振动筛清选。这种剥壳机只能脱摊晒三天以上、开裂的油茶果，不能脱含水量较高的鲜果，且处理量小，其原因是破碎后混合物中渣壳和油茶籽大小、直径差不多，多次往复筛选也不能有效分离壳与籽。

中国林业科学研究院和哈尔滨林业机械研究所 2011 年研制的油茶果脱青皮机采用双辊挤压破碎后柔性抽打使籽壳分离，用筛网清选茶籽。但这种方式没有考虑油茶果大小不一的实情，其挤压辊破壳，若辊间间距小必然造成较大茶籽破碎，反之间隙大则造成小茶果不能剥壳。因此可以在脱壳前增加原料茶果分级工序，把茶果分成不同等级分别破碎。

江西省农业机械研究所研制出 6BQY—1500 剥壳清选机，其剥壳原理采用旋转的脱壳杆和滚筒构建的锥楔形空间对茶果撞击、挤压、揉搓，实现茶果脱壳。其清选是根据壳与茶籽粒不同的物理特征突破了较难的清选技术，创新性采用较小间隙的齿光辊对转式机构。具有可脱大小不一、未开裂果，脱净率高，不伤茶籽，清选率高，效果好，破损率低等优点。

2. 揉搓型脱壳技术

湖南省林业科学院陈泽君等采用揉搓原理，用分类滚动筛筛选大小不同的油茶果进入油茶果脱壳装置，在运输带与柔性揉搓板相互配合运动的揉搓作用下脱壳，是一种既能有效对油茶进行分类脱壳，而不破损茶籽，又能将果壳和茶籽分选的集成装置。揉搓型油茶果分类脱壳分选机主要是由油茶果脱壳机、油茶籽分选机这两大部件组成。

油茶果在刚采摘下来时含水率高，果壳坚硬，脱壳困难。由于油茶果的直径差别较大，设计的揉搓型脱壳机就要按直径大小分三类来脱壳，直径≤25mm 分为一类，25 mm<直径≤35 mm 分为一类，直径>35 mm分为一类。经批量油茶果大小测量，直径≤25 mm 和直径>35 mm的油茶果数量相对少些，而 25 mm<直径≤35 mm 的油茶果数量相对多些。利用滚筒筛筛分油茶果，大小不同的油茶果分别进入大小不同的搓揉空腔，利用柔性揉搓板和柔性面运输带在油茶果上相对运动进行揉搓去壳。油茶果脱壳后如何将籽粒从壳粒的混合物中分离出来是一个难题。其生物特性研究证明了壳与籽的密度相差不大，故不宜采用风选方法。通过研究发现，油茶果脱壳后，籽与果壳的形状及摩擦系数是不同的，果籽圆而厚，表面较光滑，摩擦系数小；果壳薄而有尖角，外表面粗糙，摩擦系数大。籽壳分选机由倾斜向上运动的橡皮输送带及振动托板组成，利用籽与壳的形状及摩擦系数的不同使油茶果壳向上运动而茶籽向下运动，籽与壳产生分离，来实现籽与壳清选的目的。在整个脱壳分选过程中，油茶果含水率、曲轴转速和橡皮履带速度、电机振动

频率及分选带水平面倾角对脱净率等具有关键影响。

通过试验发现，该设备脱壳清选效率高，油茶果含水率对设备整体脱壳清选效果有一定影响，含水率越低，设备脱壳清选效果越好，但对设备总体效率影响较小。与传统油茶果脱壳机相比，采用挤压和揉搓原理设计的油茶果揉搓剥壳分选机完全实现了油茶果不伤籽、快速脱壳和壳籽快速分离，具有脱壳清选效果好、性能稳定等特点。处理量≥900 kg/h，脱净率≥97%，清选率≥97%，碎籽率<5%，损耗率≤1%（图9-6）。

图9-6 油茶揉搓剥壳分选机成套装备

3. 热风爆蒲脱壳技术

热风爆蒲脱壳技术适合于油茶鲜果热风烘干爆蒲和油茶籽烘干的网带连续式烘干设备及其配套的加工工艺。针对油茶果实采后处理集成油茶鲜果爆蒲、筛选分离、烘干的整套加工设备，包括烘干和筛选以及相关设备的协调控制等部分，其中烘干部分包括对油茶鲜果的热风爆蒲和筛选后的油茶籽的二次烘干两部分；筛选部分包括对爆蒲后的油茶果进行籽蒲分离和去除杂质，由初筛和精筛两部分组成，初筛主要剔除比较大的茶蒲和其他细小的杂质，精筛主要剔除小片的茶蒲。

烘干环节：将网带连续式烘干机应用于油茶果与油茶籽的烘干，模拟自然烘干条件并采用低温（小于70℃）烘干；油茶籽烘干除去水分过程，分为爆蒲和烘干两次去水过程，即爆蒲阶段热风温度采用60℃～65℃，去水约20%即从50%降至30%；烘干阶段去水约20%，即从30%降至10%；油茶果经热风爆蒲后，再针对油茶籽进行二次烘干。该烘干设备热源采用燃煤（燃油、燃气）或生物质燃料换热的方式，由引风机引进冷风，经过散热器之后转换成热风送入烘干机内部。物料由输送带上的均料机构平铺到网带上，在烘干机内呈"S"形运转；引风机产生的热风均匀地分散在烘干机底部，由于下部压力大于上部压力，热风自然向上运动，穿过每层网带，使物料与热风充分接触，达到烘干的目的，物料从进料至出料采用全不锈钢网带自动输送，无需人工干预。

初筛环节：初筛过程采用滚筒筛，滚筒装置倾斜安装于机架上，驱动机构使滚筒装置绕其轴线转动。当物料进入滚筒装置后，由于滚筒装置的倾斜与转动，使筛面上的物料翻转与滚动，使合格的物料（小片茶蒲和茶籽）经滚筒筛网孔漏出，再经皮带机送至精筛设备进行第二次筛选，不合格的物料（大片茶蒲）经滚筒尾部的排料口排出。

精筛环节：精筛过程采用比重筛选机，物料经提升机从顶部落至筛面，由于干燥后的茶蒲和茶籽比重不同，精筛机底部风机产生的风经筛面小孔吹出，比重小的茶蒲和杂质被吹浮在上面，而比重大的茶籽沉在底下，使得茶籽与茶蒲出现分层，经倾斜的筛面振动后，茶籽从成品端出口流出，小片茶蒲和其他杂质从废品端出口流出（图9-7）。

图9-7 油茶热风爆蒲脱壳技术

三、油茶鲜果集成处理中心

以油茶果揉搓剥壳和热风爆蒲脱壳等初加工技术工艺为核心，集成茶籽烘干、清选除杂、包装及仓储设施设备及自动化生产技术，形成油茶鲜果处理和仓储物流中心，解决了油茶鲜果采后处理难、成本高、茶籽商流不畅、企业收购茶籽难等产业短板，更好地架起种植基地、林农与制油加工企业之间的桥梁，促进了油茶全产业链同步发展（图9-8）。

油茶鲜果热风爆蒲处理中心

油茶鲜果揉搓剥壳处理中心

图9-8　油茶机械脱壳集成处理中心

第十章 油茶产业融合发展

第一节 油茶产业融合发展的主要模式

随着社会经济的快速发展，大健康产业越来越受到人们的重视，各种乡村体验、文化休闲和康养旅游等生态产品需求日益旺盛。油茶是一种具有很高的经济、社会和生态价值的树种，在净化环境方面，有研究表明，成林油茶每亩每天可吸收 4.0 kg 二氧化碳，释放 2.6 kg 氧气；对二氧化硫、氯化氢的吸收和抗性都很强，1 kg 油茶干叶可吸收 7.4 g 二氧化硫；每亩油茶林每年吸附粉尘 10 kg 以上；油茶干叶分泌的酚醛类杀菌素可对附着的灰尘和悬浮在空气中的细菌具有杀灭作用。这表明油茶林内空气新鲜，氧气充足，空气中微尘、细菌少，适合人们休闲旅游。油茶在冬季开花，花多而大，花期长，花色有白色或红色，是一种可供观赏的花，油茶林是冬季少有的观花场所。茶油是食用、保健、医疗兼用型产品，用茶油烹制的菜肴深受人们喜爱。

一、油茶与生态旅游融合

生态旅游由世界自然保护联盟（IUCN）于 1983 年提出，1993 年国际生态旅游协会将其定义为：具有保护自然环境和维护当地人民生活双重责任的旅游活动。生态旅游的内涵更强调对自然景观的保护，是可持续发展的旅游方式。油茶是兼具经济、社会和生态效益的经济林树种，通过在油茶种植和加工基地的基础上，创建出能够体现油茶的自然特色、同时具有科普、休闲和体验等价值功能的旅游方式。

油茶四季常青，春华秋实，一年种植，多年受益。当秋天成千上万亩洁白的油茶花漫山遍野盛开时，洁白的花瓣，金黄的花心，一朵朵，一簇簇，在蓝天映衬下，争奇斗艳。一阵清风吹来，油茶花随风摇曳，飘来阵阵清香。置身其间，不但能欣赏美丽的自然景观，还能满怀丰收的期待，具有很好的开发潜力。而且油茶还有很多近缘种，如开红花的大果红花油茶、溆浦大花红山茶、滇山茶等，有开黄花的金花茶、小黄花茶，有单个鲜果达 1000 g 的博白大果，有果皮光亮的浙江红花油茶，也有花香袭人的攸县油茶；有早秋开花的茶梅、晚秋开花的白花油茶、早春开花的红花油茶，更有花期 5—12 月的四季山茶，等等。这些都是很有开发潜力的景观资源，是当前提升生活质量的文化旅游、乡村旅游、全域旅游与乡村振兴完美结合的切入点。浙江常山国家油茶公园、湖北黄袍山油茶公园、贵州玉屏油茶产业示范园、湖南常宁和浏阳的油茶特色小镇建设等，都是依托油茶的景观资源融合生态旅游形成的游玩新景点。生态旅游不仅是指在旅游过程中欣赏美丽的景色，更强调的是一种行为和思维方式，即保护性的旅游方式。不破坏生态、认识生态、保护生态、达到永久的和谐，是一种层次性的渐进行为。生态旅游以旅游促进生态保护，以生态保护促进旅游，准确点说就是有目的地前往自然地区了解环境的文化和自然历史，它不会破坏自然，还会使当地从保护自然资源中得到经济收益（图 10-1）。

图 10-1　油茶基地生态旅游

二、油茶与森林康养融合

森林康养是依托森林生态资源，开展森林游憩、度假、疗养、保健、养老等活动。森林里有一种对人体健康极为有益的物质——负离子，据测定结果显示：在城市房子里每立方厘米只有四五十个负离子，林荫处则有一两百个，而在森林中则达到一万个至五万个；森林中绿色植物通过光合作用能吸收二氧化碳，释放氧气，还能吸收有害气体。森林具有特殊的促进人体身心健康的功能，受到越来越多人的青睐。森林康养是聚林业、旅游业、健康服务业等相关产业相互交融延伸而形成的新业态，是林业改革催生的新模式，是推进供给侧结构性改革，加强绿色供给的重要内容。森林康养是以丰富多彩的森林景观、沁人心脾的森林空气环境、健康安全的森林食品、内涵丰富的生态文化等为主要资源和依托，配备相应的养生休闲及医疗、康体服务设施，开展以修身养性、调适机能、延缓衰老为目的的森林游憩、度假、疗养、保健、养老等活动的统称。森林康养对人体健康具有十分有效的保健作用，具有养身（身体）、养心（心理）、养性（性情）、养智（智慧）、养德（品德）"五养"功效。

油茶属中亚热带常绿树种，全身是宝，油茶林可以净化空气，空气中微尘、细菌少，有很好的生态和养生功能（图 10 - 2）。据测，在一片油茶林的中央，空气中每立方厘米负氧离子含量在 15000 个以上，达到了医疗保健的功效。可以说，油茶产业＋康养产业是自然生成的科学配置，也是独一无二的最佳选择。如湖南祁阳市坚持"生态立县"发展战略不动摇，举全县之力大举兴绿，生态文明建设取得骄人成绩，依托"中国油茶之乡""国家油茶产业发展示范基地""祁阳浯溪国家湿地公园""太白峰国家森林公园""湘江流域退耕还林还湿和小微湿地建设试点工程"等一批油茶和森林生态资源，融入油茶保健、森林游憩、休闲、度假、疗养、保健、运动、养老等健康服务新内容，集聚了油茶、林业、旅游业、健康服务业等相关产业相互交融延伸而形成的新业态，被评选为"全国森林康养基地试点建设县"；江西九江市云山油茶科技发展有限公司就以云山油茶基地建设森林康养，获得中国林业产业联合会授予的"全国森林康养基地试点建设单位"荣誉。

图 10－2　油茶基地＋森林康养

三、油茶与休闲体验融合

　　休闲农业是利用农业景观资源和农业生产条件，发展观光、休闲、旅游的一种新型农业生产经营形态，是以农业生产、农村风貌、农家生活、乡村文化为基础，开发农业与农村多种功能，提供休闲观光、农事参与和农家体验等服务的新型农业产业形态。休闲农业包括农家乐、休闲农园、休闲农庄和休闲乡村 4 种基本形态。发展休闲农业一是可以充分开发利用农村旅游资源，调整和优化农业结构，拓宽农业功能，延长农业产业链，发展农村旅游服务业，促进农民转移就业，增加农民收入，为新农村建设创造较好的经济基础；二是可以促进城乡统筹，增加城乡之间互动，城里游客把现代化城市的政治、经济、文化、意识等信息辐射到农村，使农民不用外出就能接受现代化意识观念和生活习俗，提高农民素质；三是可以挖掘、保护和传承农村文化，并且进一步发展和提升农村文化，形成新的文明乡风。

　　油茶基地除了具备观树、观花、观果和观景功能外，还能品尝茶油味食品，开展户外活动；油茶、茶业和茶花同是山茶属植物，分属食、饮、赏三个类别，都有数千年的栽培和应用历史，可以相互关联、融合发展，在产业融合、协同发展前景方面具有巨大的潜力和广阔的前景（图 10－3）。如河南信阳市光山县槐店乡晏岗村的联兴油茶司马光万亩油茶园就是一个很好的典范。

图 10‐3　油茶休闲融合

四、油茶与立体经营和循环经济融合

立体种植就是指充分利用立体空间的一种种植、养殖方式，广义来说立体种植也可以理解成充分利用时间、空间等多方面种养殖条件来实现优质、高产、高效、节能、环保的农业种养模式。典型的例子应该就是中国传统的"四位一体"的庭院农业模型，例如将鸡、猪、沼、菜等生物组分整合成一个生态微循环系统。通过立体多功能综合协调，在物质循环、再生、利用的基础上，建立一种资源共享、回收和循环再利用的经济发展模式。其原则是资源使用的减量化、再利用、资源化再循环。其生产的基本特征是低消耗、低排放、高效率。立体经营和循环经济要求运用生态学规律来指导人类社会的经济活动，其目的是通过资源高效和循环利用，实现污染的低排放甚至零排放，保护环境，实现社会、经济与环境的可持续发展。

油茶基地可以进行农林复合经营，间种多种农作物，如山稻、蔬菜、花卉、食用菌、中草药和牧草等，通过科学的复合经营，可以提高油茶综合效益，改善地力，促进油茶早实丰产和持续稳产高产。同时，油茶基地还可与养鸡、养鱼、养猪等养殖业相结合，养殖业的剩余物处理后作为油茶林的有机肥料，油茶林地的生物质可作为养殖业的饲料，真正实现立体经营下的循环经济。使林业产业从过去的单纯营造林，朝着"造一片林，成一线景；建一个基地，成就一个实业"的目标前进（图 10 - 4）。

图 10 - 4　油茶立体经营和循环经济

五、油茶与科普研学融合

科普研学是当前新兴的一种面向中小学生的学习旅游体验活动。研学即研究性学习，国际上统称探究式学习，是指以学生为中心，在教师和学生共同组成的学习环境中，基于学生原有的概念，让学生主动提出问题、主动探究、主动学习的归纳式学习过程。研学旅行继承和发展了我国传统游学"读万卷书，行万里路"的教育理念和人文精神，结合国际上"研究性学习"的先进理念、方法、模式，成为素质教育的新内容和新方式。研学是由学校统一组织，基于学生自身兴趣，根据课本内容，从自然、地理、历史、人文、科技、体验六大类别选择和确定研学主题，在动手做、做中学的过程中，主动获取知识、应用知识、解决问题的集体学习活动。开展研学旅行，有利于促进学生培育和践行社会主义核心价值观，激发学生对党、对国家、对人民的热爱之情；引导学生主动适应社会，促进书本知识和社会实践的深度融合，培养创新人才，推动全面实施素质教育。

油茶产业贯穿了乡村到城市，田间地头到日常生活，农业、工业到市场等多条跨领域的主线，蕴含着丰富的生物学、食品学、农业、历史文化等知识，是青少年不可或缺的学习题材，通过研学体验，可使他们学到很多自然科学的基础知识，锻炼自身的动手和生存技能，积淀理想和信念，为健康成长和美好生活打下良好基础（图10-5）。

图10-5　油茶科普研学融合

六、油茶与"互联网＋"融合

"互联网＋"是新时代的一个标志之一，代表一种新的经济形态。充分发挥互联网在生产要素配置中的优化和集成作用，将互联网的创新成果深度融合于经济社会各领域之中，提升实体经济的创新力和生产力，形成更广泛的以互联网为基础设施和实现工具的经济发展新形态。"互联网＋"行动计划将重点促进以云计算、物联网、大数据为代表的新一代信息技术与现代制造业、生产性服务业等的融合创新，发展壮大新兴业态，打造新的产业增长点，为大众创业、万众创新提供环境，为产业智能化提供支撑，增强新的经济发展动力，促进国民经济提质增效升级。

油茶产业与"互联网＋"有很多交汇点，在资源培育、产品加工、质量控制、仓储运输、市场营销和品牌建设等方面都有广阔的前景。特别是市场销售新业态，充分利用互联网这个综合大平台，筹建油茶期货市场，建设线上、线下多维度的推广销售网络，使油茶产品搭乘互联网＋社交的快车走出亚洲、走向世界。很多地方政府、各级协会、企业和厂家，都逐步应用多个平台来服务于产品生产、销售，打造区域品牌影响力，连线上千万终端消费者。如湖南耕客资源管理有限公司推出"ICSA"（即"互联网＋订单农业"）项目，立足农业供给侧结构性改革，利用金融创新的方式向"互联网＋订单农业"转型。河南信阳市商城县长竹园乡运用"互联网＋"拓宽销售渠道，提高产品附加值，积极推动油茶产业转型升级。湖南油茶企业推出"食在行"茶油炒饭，打造更加营养健康的外卖，通过互联网销售，已成为健康外卖的新风尚。湖南省茶油有限公司 2020 年起，倾力打造全国大宗油茶产业互联网交易综合服务平台，已建成了"1 体系＋3 中心＋5 系统"的整体架构，即 1 个标准体系：油茶产业标准化管理体系；3 个中心：大数据服务中心、交易中心、门户展示中心；5 个应用系统：油茶资源管理系统，油茶种苗管理系统，油茶种植管理系统，油茶农资、农机、农技信息管理系统，油茶卫星遥感管理系统。平台基本具备了集油茶种苗、油茶种植、生产加工、质量检测和茶油消费为一体的全产业链最小闭环管理体系，并具有数字化产地管理服务、动态化品质监控服务、结构化全产业链配置服务、标准化产销对接服务和差异化价格体系等油茶产业互联网综合服务能力，初步具备线上试运营的基础条件（图 10‑6）。

图 10‑6　油茶与"互联网＋"融合的全国油茶产业链数据大脑

七、油茶特色小镇

特色小镇是在新时期、新发展阶段的创新探索和成功实践。中国特色小镇是指国家发展改革委、财政部以及住建部决定在全国范围开展特色小镇培育工作，培育一批各具特色、富有活力的休闲旅游、商贸物流、现代制造、教育科技、传统文化、美丽宜居等特色小镇，引领带动全国小城镇建设。特色小镇应具备特色鲜明的产业形态，和谐宜居的美丽环境，彰显特色的传统文化，提供便捷完善的设施服务，建设充满活力的体制机制（图10-7）。

油茶产业链很长，具备农业种植、产品加工、文旅融合等特色，适合一、二、三产业的协调融合发展，因此，选择一些油茶资源丰富、配套环节较完整的产区设立以油茶产业为核心的特色小镇是很有潜力的。通过特色小镇的设置，能更好地集聚油茶产业各种生产资源，贯通整个产业链，凝聚力量拓展市场，有利于更好地打造品牌。通过特色小镇建设，也能更好地促进区域当地经济发展，解决当地就业，促进乡村振兴。

图10-7 油茶特色小镇

第二节　油茶产业融合发展成功范例

一、国家油茶种质资源库

国家油茶种质资源收集保存库位于长沙市雨花区湖南省林业科学院试验林场内，总面积 599 亩，是国家首个油茶种质资源收集保存库，集油茶种质资源收集评价、良种苗木繁育、良种丰产栽培和加工利用等全产业链技术研发以及各类技术成果中试、孵化、转化和科普宣传为一体的集成示范基地。始建于 2004 年，2009 年国家林业和草原局批复为 13 个首批国家林木种质资源库之一，为国家油茶工程技术研究中心核心育种基地。基地先后投入建设资金 3000 多万元，拥有科研实验站 1300 m²，设置有"油香千年"科技馆、油茶制油生产车间、油茶标本库等，建设自控玻璃温室 1500 m²，良种苗木培育大棚 2000 m²，管理配套用房 2000 m²。设有特异种质材料保存、良种繁育、品种测定、良种丰产栽培和综合管理等五个功能区，收集国内外油茶及其山茶属种质材料 2500 份；其中山茶物种 112 个，特异珍稀种质 110 份，优良品种 260 个，家系 350 个，优良单株 1500 份，杂交育种群体 70 个，是全国油茶良种数量最多、资源最集中、类型最齐全的资源保存库。占全国现有油茶种质资源的 80% 以上，为深入开展育种工作，选育出高产、高含油和高抗的油茶第二代新品种奠定了基础。基地承载了国家自然科学基金、科技支撑、林业公益性行业科研专项、中央财政林业科技推广、湖南省科技重大专项等项目 200 余项。依托项目实施，累计开发出油茶良种 94 个，授权新品种 8 个，良种亩产茶油 50 kg 以上，最高产量达到 77 kg，比自然林和传统品种增产 9 倍以上。获得油茶专用除草垫等专利 10 项，油茶林立体复合经营等科技成果 8 项，研发出了油茶树体培育、高效配方施肥等一大批生产急需的技术和成果。同时基地将油茶雄性不育杂交新品种选育及高效栽培技术和示范、油茶源库特性与种质创制及高效栽培研究与示范、油茶良种规模化繁育技术研究与示范、油茶绿色高效加工等油茶科研成果进行中试、转化。共为 35 个油茶采穗圃、78 个育苗基地及科研、生产单位提供良种穗条 5000 多万枝，试验示范良种壮苗 50 余万株。累计接待全国各地参观、考察、培训等各类人员 5000 余人次，所选育的"湘林"系列油茶良种和丰产栽培技术先后辐射到湖南、江西、广西、浙江、贵州、湖北、陕西、广东等 14 个省（市、区），累计推广应用 600 多万亩。基地的良种和技术为全国油茶产业的快速发展提供了强力支撑（图 10 - 8）。

图 10 - 8　国家油茶种质资源收集保存库

二、浙江常山国家油茶公园

浙江常山国家油茶公园是 2018 年 1 月 6 日国家林业和草原局批复设立的第一个油茶公园，也是浙江省首个林木（花卉）公园，位于该县油茶产区重镇新昌乡芳村镇境内，规划面积5.1万亩，园内油茶林面积3万亩。集景观、文化、休闲、旅游为一体，一期工程建有7处景观节点，分别是"亘古流芳""东方奇树""油茶公园""溪地花谷""油香黄塘""饮水思源""油香人家"。

常山是"中国油茶之乡"，素有"浙西绿色油库"之美称，油茶栽培史有2000余年。目前，常山县油茶总种植面积28万亩，2022年油茶籽产量7500 t，其种植面积和产量均居浙江省首位。2016年，全县油茶总产值突破10亿元大关，成为首批"全国木本油料特色区域示范县"。"浙江常山国家油茶公园"一期工程已经竣工，建成一条长约18 km的油茶主题风情景观带，共有7处景观节点。主要包括油茶主导产业示范区、油茶新品种精品园、油茶特色小镇、油茶主题公园、特色加工油坊等功能区块。常山以"油茶＋旅游"的形式，促进油茶三产融合，通过打造全国首个油茶公园，有力促进了"产文景游"，实现"卖油"向"卖游"转变，"环境优势"向"生态红利"转变。创建常山"一区两园四中心"，打造全国油茶产业新高地，即建设省级油茶产业集聚区、国家油茶公园、油茶产业园，建设全国油茶交易中心、山茶油价格指导中心、油茶集散中心、油茶文化中心。旨在突出构建经营体系、市场体系、产业体系，全力推进油茶三产融合发展，加快产业转型升级，做大做强"常山油茶"产业，推动乡村振兴（图10-9）。

图10-9　浙江常山国家油茶公园授牌

三、贵州玉屏油茶产业示范园区——茶花泉

玉屏油茶产业示范园区位于朱家场镇茅坡村，总面积 27543 亩，规划建设面积 4050 亩，距县城 8 km，是全省 100 个、全市 12 个重点旅游景区之一，同时也是贵州 100 个高效农业示范景区之一。自 2013 年建设以来，先后荣获全国 AAA 级景区，全省十佳农业景区等荣誉，目前已经拥有农业科技馆、龙泉、油茶基地、茶花园、道塘湿地公园、水库、混寨跌水瀑布、景区大门等景观，周边还有铁柱山、卧佛山、古樟树群等自然景观，更兼有侗族文化展示、水体文化体验、植物文化科普等人文景观，景区一步一景，步步是景，油茶花迎冬绽放，洁白的花瓣、金色的花蕊，层层叠叠，吸引人们走出家门欣赏。四季花开不败，瓜果飘香吸引着海内外游客，2014 年接待游客 20 余万人次。

图 10 - 10　贵州玉屏油茶产业示范园区

四、中国黄袍山国家油茶产业示范园

中国黄袍山国家油茶产业示范园也称为"黄袍山油茶产业园"，位于湖北通城县隽水镇通城大道 333 号，于 2013 年 10 月建成"国家级油茶产业示范园"，2015 年 8 月被国家旅游局认定为国家 3A 旅游景区（图 10 - 11）。是一个集精深加工、高产栽培示范、科研教学培训、鄂南茶油储备及生态文化旅游于一体的现代化园区，占地面积达 500 亩，计划总投资 5.95 亿元。中国黄袍山国家油茶产业示范园由油茶主题园区与高标准种

植园区组成，其中油茶主题园区占地 500 亩，分为油茶良种繁育基地、精深加工区、油茶博物馆、观光博览区及食用油储备区五大功能区。园区风景如画，长达 3000 余米的春夏杜鹃、红叶石楠、红花檵木绿堤使园区绿荫成道，80 多个品种 3800 株名贵茶花、茶梅、红花油茶，3000 余棵紫玉兰、广玉兰、樱花、紫薇等 35 类名贵花木，使园区犹如植物观赏园，四季有花有果供旅客观赏，无论哪一天走进园区，都能看到两种以上的鲜花，无论哪一季都能采摘到累累硕果。有着美丽传说的莲花池、关公庙与仙女湖、上古太湖、聚贤亭、祈福亭、文化长廊，不仅使园区景点错落有致、风景如画，更是将园区旅游文化推向了极致。寓意引领油茶产业发展、采用辽宁舰微缩造型设计的油茶博物馆，是园区标志性的建筑，不仅给人极大的视觉冲击，更是将油茶的起源、生态特征、资

图 10-11　中国黄袍山国家油茶产业示范园

源分布、油茶的种植和加工历史文化、油茶的营养特性、国家对油茶产业的政策以及油茶的前景展望，采用现代科技与传统工艺手法，进行了全方位的实景、图文、影像展现，不仅能让人在极短的时间内跨越时空，对油茶文化进行全面了解与认知，更能让游览者充分体验到油茶文化的博大精深。浓缩了现代时尚与建筑文化的美感，将油茶文化与历史淋漓尽致地进行了展示；百年红花油茶林、杨梅园、桃花园、现代化铁皮石斛种植基地，不仅让人领略了植物花果的美艳，更是激起了人们对自然生态的向往，让人流连忘返。采用公司自主研发、被科技部认定为"国内首创、国际先进"的脱壳冷榨油茶籽加工技术建造的年处理 30000 t 油茶籽生产加工区，从油茶果剥壳分离到油茶籽精选再到干燥、脱壳冷榨，再到精滤、灌装、入库，全部采用自动化流程。走进园区信息控制中心，整个油茶加工流程一览无余。扫描二维码，"本草天香"系列产品可清晰明了地追踪溯源，不仅说服了顾客对"本草天香"品质的认可，更是感受了现代榨油工艺的精湛。每年 10 月一年一届的菊花文化节，每年 12 月底一年一届的油茶开榨节，不仅让人体验了丰收的喜悦，晶莹剔透的山茶油吐出的芳香更是让人心旷神怡，憧憬着未来的健康生活。预计建成投产后，可年创产值 50 亿元，实现利税 11 亿元，带动周边 100 万亩高产油茶基地种植及 6 万余户农民家庭投入油茶相关产业，农民年平均增收8000 余元。

五、湖南祁阳市唐家山油茶文化园

湖南祁阳市唐家山油茶文化园位于祁阳市唐家山镇观音滩，是祁阳现代农业产业园核心区域，景区创建范围约 3000 亩，周边辐射油茶林 2 万多亩（图 10 - 12）。秋冬时节，油茶花迎冬绽放，漫山遍野素雅银装，洁白的花瓣、金色的花蕊，团团簇簇、层层叠叠、如雪如玉，在蓝天映衬下，耀眼夺目，美轮美奂，成了冬日里最亮丽的风景。景区聚焦油茶产业主题，依托自然林湖景观，发展集农茶产业、生态康养、水陆空互动项目等为一体的精品旅游。唐家山油茶文化园主要景观资源有小型水利枢纽工程七星湖、高标准的渠带路项目，秀美樱花大道、桃园、梨园，山水一色的松林氧吧，山顶观景台，低空飞行项目，田园综合体验、精深加工的油茶车间，以及二级文物保护单位十里亭，此外还有爱心池喊泉、山地赛车、山地自行车、滑翔飞行等参与性互动项目，是集生态宜居、观光休闲、体育赛事、亲子户外、休闲避暑于一体的旅游胜地。2021年获评3A级旅游景区。祁阳是全国油茶之乡和国家油茶产业发展示范基地，被誉为"天然油库"。全市现油茶林面积达62.56万亩，年产茶油15120 t以上，产值突破20亿元，油茶产业已成为当地脱贫致富的支柱产业。

图 10 - 12　祁阳市唐家山油茶文化园

六、河南光山司马光油茶园

河南光山司马光油茶园是河南省联兴油茶产业开发有限公司投资建设，位于河南省信阳市光山县槐店乡晏岗村（图10-13）。园区北依龙山湖国家湿地公园，西靠佛教天台宗发源地净居寺。覆盖6村41村组，油茶面积2.7万亩。司马光油茶园是集油茶种植、苗木花卉培育及水产特禽养殖于一体的农林示范基地。该基地通过"公司＋基地＋农户"的运营模式，在茶园管理、油茶采摘等方面优先聘用周边的贫困群众，带动600多户1800多名贫困人口实现年人均增收2000多元，助力精准脱贫工作。该基地先后荣获"全国油茶科技示范基地""国家级油茶科技示范林"等称号。2019年1月启动司马光油茶园智慧产业园建设，集成油茶种植、加工、销售一体化全产业链发展，为实现脱贫致富奔小康奠定坚实基础。2019年9月17日，习近平总书记来到光山县槐店乡司马光油茶园考察调研，深入了解该县发展油茶产业情况，同正在劳作的村民和管理人员交流，实地察看油茶树种植和挂果情况，询问乡亲们家庭、务工和收入情况。总书记高兴地说："路子找到了，就要大胆去做。"

光山县大力发展油茶产业，目前已发展油茶面积29.2万亩，油茶、茶叶、花木、杂果主要林地面积达66.5万亩，全县林木覆盖率达到45.85%。该县先后被国家林业局授予"国家油茶标准化示范县""国家油茶科研示范基地""全国油茶产业发展重点县"等荣誉称号。对于推动产业扶贫、拉动区域经济发展、提升企业发展后劲、实现油茶一、二、三产业融合发展具有十分重要的意义，将快速推动光山县油茶产业的发展，带动农户规模稳定长效增收，进一步巩固脱贫攻坚成效、推进乡村振兴。

图 10-13　河南光山司马光油茶园

油茶主推良种配套丰产新技术

七、湖南常宁市西岭镇油茶特色小镇

常宁市油茶小镇是湖南省 2018 年 1 月批复的首批十个农业特色小镇之一，位于常宁市西岭镇平安村（图 10-14）。常宁市平安油茶小镇，数十亩油茶苗圃与远处万亩油茶林遥相呼应。近年，该市实行"油茶＋生态＋旅游"融合发展，斥资打造的油茶小镇包括西岭、荫田两镇的 11 个村，集油茶产业、生态农业、观光体验于一体。常宁是国家油茶示范林基地试点县，全国唯一油茶生物产业基地，全国首个通过森林经营认证

图 10-14　常宁油茶特色小镇

（CFCC）地区。2018年3月，通过《地理标志产品：常宁茶油》审定，常宁油茶成功实现从"百万亩"到"常宁标准"、从"大规模"到"高品质"的跨越。特别是该市的核心产区油茶小镇西岭镇，更是集中了"中联天地""殷理基""大三湘"等20余家油茶新型经营主体。通过"公司＋合作社＋基地＋农户"的模式发展产业，共实现油茶总产值6.17亿元。未来3年，该小镇还将加快建设"有机茶油原料基地""油茶科技文化产业基地""现代生态农业示范基地""旅游观光休闲农业示范基地""美丽乡村建设示范基地"五大基地，形成主导产业产值突破10亿元，一、二、三产业融合发展典范的油茶特色强镇。

八、湖南省浏阳油茶特色小镇

浏阳油茶特色小镇于2021年10月正式开业，位于湖南省浏阳市镇头镇土桥村（图10-15）。浏阳油茶已有近2000年的种植历史，2021年有油茶林78万亩，产茶油4.36万吨，年产值47亿元。2001年被评为"中国油茶之乡"，2006年正式列为全国油茶示范基地县（市）之一，是全国油茶重点县（市）。全市现有油茶种植企业40家，专业合作组织148个，种植大户177个。已培育湘纯、贵太太、聚尔康、金霞、美津园等一批规模加工企业和本土品牌，加工作坊533家，年加工产能10万吨以上。油茶产业已成为浏阳具有较强市场竞争力的乡村特色产业，为实施乡村振兴战略提供了重要产业依托。浏阳农村代代栽植油茶、利用油茶，部分地区油茶产业成为家庭主要经济来源。浏阳油茶将重点抓好油茶丰产林基地、精深加工技术的研发、浏阳茶油区域性公共品牌的打造、油茶特色镇建设等。从2019年起，用5年时间建设50万亩丰产林基地，实现浏阳油茶产业综合产值达到50亿元。

镇头镇有全省唯一连片的近10万亩油茶林。油茶种植点多线长面广，各村域都有分布，以土桥、跃龙、柏树、双桥村连片油茶林面积均达1万亩以上，主要以"湘林系列"良种为主，已形成规模化、区域化、标准化、园区化发展格局。全镇以油茶资源为依托，大力发展油茶文化和油茶产业，致力打造油茶特色产业小镇。现油茶种植面积近10万亩，花卉苗木种植面积6.3万亩，是"中国花卉苗木之乡"的核心示范区，

图 10-15 浏阳油茶特色小镇

百里花木走廊重要组成地带。油茶产业与花卉苗木产业相互促进，相互融合，开辟了镇头乡村振兴的"双产业"绿色发展途径。拥有1座市级环保科技示范园，园区企业达36家，总产值20亿元，年税收3000万元；拥有1座农产品加工园，农产品加工企业达30家，休闲农业企业20家。为加大"镇头油茶"文化品牌培育，目前正陆续推出北星村油茶文化古街、油茶文化博物馆等油茶文旅项目，拟打造集商贸、康养、宜居、休闲、油茶特色为一体的乡村旅游小镇。

九、浙江青田县油茶小镇

浙江青田县油茶小镇是浙江省林业厅批复的第二批省级森林特色小镇创建和森林人家命名名单之一，位于丽水市青田县章村乡（图10-16）。章村乡共开发油茶新品种基地累计达5000多亩，油茶低产改造30000多亩，建成林区道路30多千米。章村乡还是传统榨油技艺传承地，当地乡民还掌握着打板凳油、拗油、人工木榨油、油车榨油等传统的山茶油榨油技艺。2009年6月，传统山茶油榨油技艺列入浙江省第三批非物质文化遗产保护名录。章村乡积极扶持油茶龙头企业，推广山茶油标准化生产，注册"老章村"山茶油品牌，申请绿色食品认证，建立油茶邮局，线上线下同步推进油茶销售。同时，深度挖掘油茶文化，与民宿农家乐这一新业态相结合，于2015年10月在颜宅村建立青田首家油茶文化主题民宿——浙南油库、茶香人家，通过举办油茶采摘压榨节、颜宅小年夜等活动展示传统油茶压榨技艺，推广油茶文化，让更多的人感受到"浙南油库"的魅力。章村乡将以"省级森林特色小镇"创建为契机，继续深入贯彻"绿水青山就是金山银山"发展理念，按照"生态立乡、旅游强乡、文化名乡"的发展定位，精心打造森林小镇，大力推动全域旅游发展，将章村乡打造成文明、和谐、富裕新农村。这几年，乡村旅游在各地兴起，推出了"油茶基地＋民宿＋乡村旅游"，将油茶园打造成小有名气的观光园，2018年已接待游客3万人次，带动群众增收40多万元。油茶观光游风风火火，与青田发展油茶产业的扶持政策分不开。青田一直把油茶产业作为农业主导产业来培育，出台《青田县振兴"浙南油库"三年行动计划》，致力于生产基地提升、加工改造升级、主体品牌建设、油茶全产业链发展，重振"浙南油库"雄风，产业发展走在全省前列。2021 年，全县油茶种植面积 30.57 万亩，茶油产量 5200 t，油茶全产业链产值达 7.26 亿元，一棵棵油茶树成为农民的"摇钱树"。

图 10–16　浙江青田油茶特色小镇

第三节　油茶生态农庄

一、油茶生态农庄的功能定位

油茶生态农庄是在油茶基地的基础上，以绿色、生态、环保为目标，以资源有效利用为载体，以市场化运作为手段，围绕油茶产业链，把各类生产活动与现代文旅活动有机结合起来的农业生产模式。油茶生态农庄不但能推进油茶的生态高效经营，也能够促进实现一、二、三产业融合，有效延伸油茶产业链，拓展油茶经济效益。通过优化油茶生产结构和品种，合理规划布局，达到美化景观，保护环境，提供观光游览、调剂性劳动、学习及享用新鲜食物的目的。因此，油茶生态农庄应满足生产、生态、景观及游憩"四位一体"的功能。根据休闲旅游六要素"吃、住、行、游、购、娱"或"商、养、学、闲、情、奇"，发展油茶林休闲旅游，有效促进第一产业与第三产业的融合，在提升产业发展的同时，为公众提供观光、休闲、养生、娱乐等功能。根据景观、消费群体等资源的不同，可以农家乐和旅游两种方式推进该产业的发展。油茶种植户或企业，可选择城市近郊或远郊具有一定面积的油茶林单一景区，以农家乐的形式，为城镇居民提供赏花、吃土菜及娱乐服务。作为旅游，就需要配备好旅游要素，可构建观景区、休闲区、种植养殖区、购物区及科普区。

1. 生产功能

油茶生态农庄的首要功能即为生产茶油功能。应根据油茶产业规划、市场导向及市民需求合理规划产业结构，突出项目和品种的特色，生产绿色、独特、高质量的油茶产品。

2. 生态功能

油茶生态农庄异于传统农业的生产模式，主要是应用生态理论、可持续发展理论、循环理论以及共生理论等生产绿色、有机、与油茶有关的农产品。

3. 景观功能

不仅具有"日暖林梢鹁鸪鸣，稻陂无处不青青"的自然农田景观，还应具有"红蕖影落前池净，绿稻香来野径频"的人工景观，更应具有"稻田凫雁满晴沙，钓渚归来一径斜"的人文景观。通过景观规划，使得人工景观、人文景观与农田自然景观有机结合，使游人流连忘返。

4. 游憩功能

游憩活动旨在让游客在油茶农庄自然生态环境中进行生态旅游，具体活动项目的设置应结合农庄的产业结构、乡村旅游市场以及农庄景观环境进行开展，促进农业与旅游业的共同可持续发展。

二、油茶生态农庄规划

根据油茶生态农庄生产、生态、景观与游憩的功能，在建设和规划设计时就应立足于油茶基地建设，引入绿色、生态、休闲、旅游等相关内容，通过规划有机地融合起来，达成油茶产业发展的目标。

1. 油茶生态农庄规划设计前期准备

油茶基地要建成具有示范性的集生态、休闲、娱乐、观光、体验于一体的复合型绿色生态观光体验农庄。建设规划前，应进行现场勘察。设计方与业主方应深入沟通，充分围绕生态农庄的定位达成共识，为农庄建设凝练主题与形成设计思路。然后，围绕其定位进一步明确农庄的具体建设目标，如选用优良的品种、配置方式，采用有机栽培技术，需要配套的项目和内容等。

2. 生态农庄的功能分区

根据总体规划设计的原则，项目现场状况的分析，不同类型游客的不同需求，确定不同的功能分区，划分出不同的空间，使这些空间和区域可以满足不同的功能需求。

（1）景观区

景观（吸引物）：以油茶为主题，配有自然景观、文化景观、名人古迹等1项以上的景观。

根据景区资源配置，可建设以下内容：①油茶栽培。规整油茶栽培，适当稀植；按不同花期品种分区栽培；配栽红花油茶。②构建四季有花的油茶林。在油茶林地规划观赏植物耕作带，如百合、玉竹、菊花、黄花菜等观花中药材或特色蔬菜；以桃、李、梨等具有观花和采摘价值的果木以及樱等观赏植物作隔离带或路边景观。③设计具有文化底蕴的道路、水路及观景台。

（2）种植养殖区

在景观区边缘，可构建油茶林下种菜、种豆、种草、养鸡、养鹅、养蜂场地，有条件的可安排特色生态养殖，供游客观摩或作为科普教育基地，为游客提供放心的农产品。

（3）休闲体验区

围绕油茶主题，提供吃、住、玩一体化的娱乐活动。着重推荐油茶烹制的菜肴、土菜、保健菜等供游客消费。

（4）购物区

与当地特色产业紧密关联，向游客提供丰富多彩的茶油产品、土特产、工艺品、小礼物等，供游客选购。

（5）科普宣传区

以展示油茶的生物学与生态学特性、油茶栽培、茶籽加工、茶油的营养保健功能等视频或文字宣传，茶籽传统榨油工艺展示及现代榨油加工工艺流程视频或实地观看等。

三、生态农庄的配套设施建设

1. 进行生态农庄道路交通规划设计

道路交通是整个农庄的骨干体系，道路系统应使各功能区块相互联系，便于生态农庄的生产建设、游客的观光游览和综合管理，道路系统应突出特色，充分展示农庄景观的独特和自然环境的优美。道路设计可以根据农庄园区规模适当分级：一级道路是连接各个功能分区的主要骨架；二级道路是各功能分区的内部干道，可以更好地满足游客和生产活动需求；三级道路是各功能分区内部的步行小径和作业道等。

2. 生态农庄的景观设计

运用现代生态农庄景观设计理念，生态学、旅游心理学、景观游憩学等基础理论，深入研究园区的自然资源、人文特色，分析油茶的生物特性和产业特色等项目基本现状，提出整体景观设计思路，合理排布园区功能结构，美化节点景观，科学构造集文化传承、地方记忆、生态生活于一体的现代生态农庄综合体。

3. 生态农庄的养殖设计

开发养殖产业和功能，如鱼类等水产，鸡、鸭、鹅等畜禽产业养殖，一些涉及珍稀野生动植物养殖的还需获得相关主管部门的生产许可等；这些养殖是依据观赏、体验和食用等不同而进行规划，并按专业技术水平进行设计。

4. 生态农庄的休闲设计

农庄还应有一些休闲娱乐设施，如散步、健身、垂钓、棋牌、小孩游乐以及油茶果采集、茶花观赏，参与种植、修剪、施肥等农事活动。

油茶基地建设应该在油茶传统产业的基础上勇于开拓创新，如针对大健康的发展趋势积极探索油茶休闲旅游等新的发展方向，积极筹建一批具有产业特色的油茶博览园、油茶公园和油茶小镇等，不但能创新产业发展新模式，还能为社会提供更多的生态产品，以满足人民对美好生活日益增长的需要，真正实现习近平总书记所倡导的"绿水青山就是金山银山"的愿景目标。

四、油茶生态农庄的营建与经营

1. 小农户种植经营模式

小农户种植经营模式是我国最传统、最普遍的油茶产业经营模式之一，主要是小农户单户种植经营，在自留地自发栽种油茶，自行管理，自行采摘果实，自找茶籽销售渠道，或将茶籽榨取毛油后销售，自负盈亏。其突出特点是以小农户家庭为单位，分散经营，分散管理，栽培、管理及加工技术水平参差不齐。当前农村土地根据政策已承包到户，实行了家庭联产承包责任制，各地已落实林权制度改革，山地林权明确归属到户。在这种情况下，包括油茶生产在内的小农户种植经营模式已成为一种普遍现象，且仍将在较长时期内存在。但由于受到种植小户自身的种植习惯，落实种植技术的程度，资金的投入及市场经营等多种因素影响，这种经营模式虽然在某些特定历史阶段表现出一定自给自足的优势，但随着时代的发展，种植产业规模化、集约化程度的加强，逐渐暴露出一定的弊端，较难取得理想的经济效益及社会、生态效益，难以得到可持续的长足发展。

2. 种植大户经营模式

种植大户经营模式是我国历史上出现较早的，也是较简单的农业产业化模式之一。油茶种植大户主要是本地的一些种植经营能人，或在外经商有一定资本积累后返乡投资发展的成功商人，也有少部分是外地投资客商，通过流转本组、本村或本乡镇的荒山荒地进行大规模的油茶连片种植开发，经营面积从几百亩到上万亩不等。专业种植大户特点十分鲜明，既有一定资金实力又具备一定的种植、管理和市场营销能力，对市场信息敏感，组织能力突出，较易获得政府项目资金支持。所以多数油茶种植大户油茶种植经营模式从最初就是高标准、高起点、高质量、高投入，在造林期间严格落实种植环节及相关技术措施，包括选址、炼山整地、定植、抚育、施肥、灌溉、病虫害防控，甚至茶油加工、生产及销售等各项工序，以达到造林成活率高、抚育管理到位、油茶林长势好、产量和质量较高、经济效益显著等种植经营目的。由于该经营模式面积较大，从抚育管理到采摘需要雇佣大量的劳动力，甚至需要使用相关农业机械来完成，雇佣的劳动力主要来自当地老百姓，有效解决了当地劳动力特别是贫困户的就业问题，增加了当地贫困户的收入。

这种经营模式造林基本实现良种化，抚育管理精细化，加工基本半自动化，吃住管理农庄化，油茶单位面积产量较高，效益较好，具有一定的抵御市场风险的能力。在绿化乡村的同时，较好地挖掘了林地效益。其不足之处在于生产成本较高，有时还因种植的规模大不得不建厂，而厂建起来之后又不得不再扩大基地，出现顾此失彼的情况。

3. 农民专业合作社经营模式

农民专业合作社经营模式是指农户以林地折股入社，在自愿、平等、互助、自主的基础上组建油茶经营合作互助性经济组织，是以合作社为单位进行自主生产管理，利用合作社统一规划、统一整地，统一提供技术、信息及供销等服务，按交易额和股份额度来分配盈亏的经营形式。该经营模式是油茶产业发展和农村市场发育日趋成熟的产物，是广大油茶种植户多年实践生产经验的总结和提升的成果，是连接市场、企业、政府、农民的桥梁和农业产业化的基础平台，已在我国油茶产区蓬勃兴起。能够提高林业要素配置效率，有效解决林业小生产与大市场衔接时存在的交易费用大、风险成本高、谈判能力差、市场竞争力不强等问题，是促进互助合作、突破家庭分散经营格局、发挥规模经营优势、增强农民抵御市场风险能力的战略举措，也是维护农民合法权益、促进农民持续增收的重要途径。缺点是如果合作机制设计不合理，或入社成员素质不高，容易在利益分配及承担风险方面产生纠纷。

4. "公司＋基地"经营模式

"公司＋基地"的经营模式是产、供、销一体化的经营模式。目前主要分为"公司＋自有基地"及"公司＋合作基地"两种。

对于规模大、资金实力雄厚、生产技术先进、现代化程度高的公司，通过长期租赁的方式从政府、合作社或者农户手中取得土地使用权，建立涵盖油茶育苗、栽植、茶油加工等方面的一体化基地，形成集原材料培育、茶油精加工、市场营销于一体的完整产业链。这种模式虽然体现了现代农业规模化、标准化的发展趋势，但有明显不足，因为土地使用权采用租赁方式获得，租金固定几十年不变，租赁期间土地可能升值，农民利益往往难以体现，因此在基地运行几年后很可能会产生土地使用权纠纷。

为了在经营过程中农民和公司双方的利益都得到合理体现，减少因土地使用权产生纠纷的可能性，进一步提高农民的积极性，在生产中发展出了"公司＋合作基地"的双赢经营模式，即由公司投资经营，农民利用林地入股，此模式是对"公司＋自有基地"模式的优化。这种发展模式主要特点是林农以林地入股形式参与公司基地建设，收益后每年获得股东分红。林农还可自愿参与公司基地种植和管理等，工资由公司负责直接支付。

5. "公司＋农户"经营模式

"公司＋农户"经营模式是以国内外市场为导向，以经济利益为纽带，以合同契约为手段，以油茶农副产品加工、销售等企业为中心，团结一大批相关专业化生产的农户，结为一个利益共同体进行生产经营的活动。纪尽善（1995）按照农户所联系的公司或者实体的性质不同将其主要分为五种基本形式：流通企业＋农户；加工企业＋农户；专业协会＋农户；专业合作社＋农户；专业大户＋农户等。许治（2002）认为"公司＋农户"组织包括签订产销合同、订单农业、土地入股和反租倒包等四种类型。

该模式初步消除了"小农户，大市场"的矛盾，将分散、相对独立的小农户和大市场联系起来，让组织生产科学、市场供应有序，同时减少交易成本，提高经济效益，增加农民收入，是目前我国农村地区的农业产业化采用率最高的经营模式之一。其有利于实现小生产与大市场的对接，有利于生产要素的流动和组合，有利于农业的规模经营和技术进步，有利于提高农业生产的组织化和商品化程度，有利于提高农业的比较收益和保护农民利益。但另一方面，它也具有一定的内部缺陷：它的契约约束力比较脆弱，合作各方机会主义行为风险较高。公司与农户在初期签订合约，但履约时，当市场价格高于双方在契约中规定的价格，部分农户存在着把农副产品转售到市场的强烈动机；反之，在市场价格低于协议价格时，部分公司则更倾向于违约而从市场上进行收购。同时，由于农副产品价格波动较为明显，在农业生产过程中存在着许多不能人为控制的自然变数（如天气）和经济变数，所以，要在缔订契约之初就准确地预见未来农副产品的价格是非常困难的。换言之，在契约执行的时候，只要市场价格与协议价格不一致（实际上很难一致），总会有一方存在着采取机会主义行为的动机。

6. "公司＋基地＋农户" 经营模式

"公司＋基地＋农户" 经营模式在国内最早出现在 20 世纪 80 年代，是随着农业产业的发展而产生的，它以技术先进、资金雄厚的农业公司为龙头，利用基地的作用把分散的农户集中起来。基本分为 "公司＋基地＋普通农户" 和 "公司＋基地＋大户" 两种经营模式。

该模式使农户的持续稳定生产、公司持续稳定的原材料供应都成为现实。农户在这个合约中得到了更有利的交易条件，如技术服务，公司在这个合约中不仅使处于自己产业链上游的产品供应得到了保证，并且降低了这个环节中的交易费用，使公司能够专心应对下游市场，扩大生产以提高市场占有率。公司更注重茶油加工环节，为了提高经济效益和扩大市场产品份额，通过和科研院所合作，引进茶油先进生产工艺，建立产能较大、技术先进的加工基地。而在种植环节，公司以营建小规模高标准的油茶高产示范林为主，重点为周边农民提供优质种苗和配套栽培技术措施。通过示范带动，采取协议生产方式，指导农民利用手中的林地大规模发展油茶基地。基地投产后，油茶籽由公司按照协议保护价或者市场价向农民收购，最后由公司加工制成精品茶油及相关产品进行对外销售。

7. "公司＋基地＋合作社＋农户" 经营模式

该模式集中了 "公司＋基地＋农户" 和 "油茶专业合作社" 两种经

营模式的优点，由于有合作社的参与，增加了公司谈判成本，油茶籽收购价格相对提高，但从整体来看不一定会增加公司的最终成本。因为专业合作社对分散的农户和林地资源进行了统一整合，节省了公司与单个农户履约的成本，避免了公司与分散违约农户的利益纠纷，减少了公司谈判成本及违约损失，比"公司＋基地＋农户"经营模式更有利于保证原料供给。同时，这种实行统一供种、统一标准、统一收购、统一加工、统一销售的一体化运营模式，确保了产品从种植、生产、销售全过程的质量和安全。

五、油茶生态农庄经营案例——大三湘"666"庄园模式

自 2008 年 10 月在湖南召开了第一次全国油茶产业发展现场会之后，油茶的发展在湖南掀起了高潮。随后，各种不同体制、不同机制、不同类别的经营模式逐步涌现，并在不同层面上展现出各自不同的活力。这里，我们选择湖南衡南县"大三湘"公司的案例进行分析研讨，供大家学习借鉴。

湖南衡南县是全国油茶生产重点县，2021 年全县有油茶林 48.75 万亩，茶油产量 7087.7 t，产值 9.923 亿元。全县从事油茶种植的企业有 134 家，1000 亩以上企业 19 家。衡南县政府不仅专门设立了县油茶产业服务中心，还先后出台了《衡南县关于加快油茶产业建设的意见》《衡南县油茶产业保护管理办法》《衡南县油茶产业发展规划（2015—2020）》，明确要求重点油茶乡镇按每年 3000 亩规模的增速推进，每年建 2～3 个连片 500 亩以上的基地，并确定了油茶产业三大发展模式，即农户独立发展模式、"公司＋基地"模式和"合作社＋基地＋农户"的模式。截至目前，"合作社＋基地＋农户"模式已辐射带动 56 个村 7610 多农户，规模化种植油茶 39896 亩。县财政局每年设立油茶发展专项基金逾 2000 万元，重点对新造、贴息贷款和茶籽收购环节予以补贴。

根据油茶产业发展情况，"大三湘"将其经营模式确定为"公司＋（基地）合作社＋农户"。公司发挥技术、市场把控及产业链等优势，以基地和合作社为依托，将广大油茶种植农户组织起来，形成了成熟的"666"庄园模式。

"666"分别是：①"六项"配置，即油茶加牧草种植，水路电三通，生产管理用房，菜园与果园，养殖牛棚，沼气池，形成生态循环经济。②"六化"建设，即种苗良种化，生产标准化，作业机械化，灌溉自动化，管理信息化，经营多元化。③"六统一分"，即统一优质种苗，统一管理培训，统一生资服务，统一政策支持，统一加工销售，统一品牌运营，分散种植经营（图10-17）。

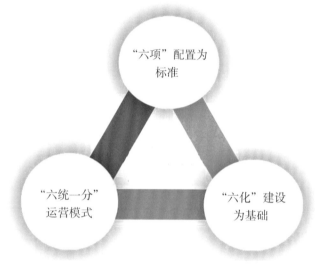

图10-17　"666"庄园模式

该模式大大降低了油茶种植前期投资风险和管理成本，极大地解放了生产力，提高了林农种植油茶的积极性。主要体现在以下四个方面，一是解决了土地问题。原来把土地流转到企业的做法存在很大问题，因为土地流转给企业了，林农就没有了积极性。庄园模式就是要让林农参与经营，让林农当家作主，为自己干活。但让林农为自己干活，也得帮助他们解决问题，所以要提供专业的庄园服务管理。同时让林农当家作主，也不要做得太大，每个庄园种两三百亩，林农才能管得了，也管得好，让土地的产出效益实现最大化。二是用技术解决周期长的问题。庄园模式统一优良品种，统一技术栽培管理，采取大苗种植，成活率高，种植后茶树第二年就可以开花，第三年就可以挂果收获，大大缩短了挂果收成的时间，缩短了产出周期，这样林农就有钱赚了，也就愿意干了。三是解决资金问题。油茶产业前期投入大，回报周期长，资金需求量大，这些都需要通过政府、银行等组合资金来解决。在油茶庄园模式政策中，政府先补贴 1000 元/亩，林农自己拿出 1000 元，银行贷款 2000 元，一亩 4000 元的资金就解决了，现在林农排着队来等着做庄园主。四是改善了生产关系，提高了生产力。该模式大大降低了林农种植油茶的风险，也降低了企业管理茶山的成本，提高了林农的积极性，将政府、银行、社会等资源更好地整合进来，服务于油茶产业的发展（图 10 - 18）。

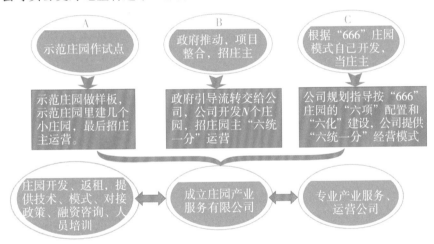

图 10 - 18 庄园模式运营流程

庄园模式让农民成为庄园主，理顺了政府、企业与农户的生产关系，解放了生产力，将企业与农户转变为利益共同体，形成了命运共同体的新型关系。为"引老乡，回家乡，建故乡"提供了优质项目，为带动千家万户农民脱贫致富和新农村建设提供了一个可持续发展的新模式。

大三湘的庄园模式得到了当地党委、政府和省直部门领导的高度重视。公司计划五年内在衡阳市常宁、衡南和祁东以庄园模式整合种植油茶基地 100 万亩，以农户为主体，共发展 1000 个油茶庄园；打造 2 个高产油茶基地＋现代农业产业示范园，5 个基地加工厂。目前公司已开始实施衡南县千家庄园计划和常宁市 30 平方千米三产融合产业园规划。

同时，公司通过发挥技术、市场把控及产业链等优势，以基地和合作社为依托，将广大油茶种植农户组织起来，建立了油茶育苗基地、油茶精深加工基地，开发、创建了多个茶油及其副产物产品品牌，建立了较完善的市场营销体系。2016年公司销售收入1.2亿元；2017年销售收入2.1亿元，2018年销售收入3.6亿元。同时为解决当地农村剩余劳动力，为当地农民脱贫致富，促进县域经济发展，以及美化乡村环境做出了较大贡献。

ICS 65.020.40

B 66

油茶

LY/T 3355—2023

LY/T 1328—2015

代替 LY/T 1328—2006

油茶栽培技术规程

2015-01-27 发布   **2015-05-01 实施**

国家林业局 发 布

前　言

本标准按照 GB/T 1.1—2009 给出的规则起草。

本标准代替 LY/T 1328—2006《油茶栽培技术规程》。

本标准与 LY/T 1328—2006 相比，主要变化如下：

——删除了产地环境条件、良种选择、良种繁育、种子与苗木、现有油茶林分类经营和改造更新、种子贮藏和运输、茶油加工、收获量、茶油质量指标、附录 A、附录 B、附录 D 等内容；

——增加了"油茶栽培区""造林地选择""栽植""幼林管理"和"病虫害防治"（见第 4、5、6、7、8 章）；

——修订了"范围""规范性引用文件""术语和定义"和"成林管理"（见第 1、2、3、7 章）、附录 A。

本标准由国家林业局归口。

本标准起草单位：中南林业科技大学、中国林业科学研究院亚热带林业研究所、湖南省林业科学院、江西省林业科学院、广西壮族自治区林业科学研究院。

本标准主要起草人：谭晓风、姚小华、陈永忠、徐林初、马锦林、周国英、袁德义、袁军。

本标准所代替标准的历次版本发布情况为：

—— LY/T 1328—2006。

油茶栽培技术规程

1 范围

本标准规定了油茶栽培区、造林地选择、栽植、林分管理、病虫害防治、茶果采收和处理等内容和技术要求。

本标准适用于普通油茶的栽培，也适用于小果油茶、攸县油茶、越南油茶、广宁红花油茶、宛田红花油茶、浙江红花油茶、腾冲红花油茶等用于制取食用植物油的其他山茶物种。

2 规范性引用文件

下列文件对于本文件的应用是必不可少的。凡是注日期的引用文件，仅注日期的版本适用于本文件。凡是不注日期的引用文件，其最新版本（包括所有的修改单）适用于本文件。

GB/T 8321 农药合理使用准则

GB/T 15776 造林技术规程

GB/T 18407.2 农产品安全质量 无公害水果产地环境要求

GB/T 26907 油茶苗木质量分级

LY/T 1557 名特优经济林基地建设技术规程

LY/T 1607 造林作业设计规程

3 术语和定义

下列术语和定义适用于本文件。

3.1

栽培区

根据油茶自然分布规律和引种试验结果，对油茶栽培的地理分布进行分区。

3.2

油茶良种

经过国家或省级林木品种审定委员会审（认）定的油茶优良品种、

优良无性系和优良家系。

3.3

种子成熟

种仁完成脂肪转化积累，果实有3%～5%果皮开裂，种子饱满坚硬，黑色或黄褐色，有光泽。果实成熟时的外表特征是：果皮发亮，毛茸消失或仅基部残存少许，果壳微裂。

4 油茶栽培区

按油茶物种的地理分布和适宜栽培条件，将我国油茶产区划分为4个区，包括：

a）中心栽培区：包括湖南、江西低山丘陵区，广西北部低山丘陵区，福建低山丘陵区，浙江中南部低山丘陵区，湖北南部、安徽南部低山丘陵区。

b）北缘栽培区：包括东部安徽、湖北、河南的大别山、桐柏山低山丘陵区，西部四川、陕西、重庆秦巴山区等。

c）南缘栽培区：包括广东、广西南部、海南北部的低山丘陵区等。

d）西部高原栽培区：包括云南、贵州、重庆和四川北部高原产区。

5 造林地选择

5.1 环境条件

应选择生态环境条件良好、远离污染源的丘陵低山红壤、黄壤地区；林地的土壤、灌溉水、空气等环境质量指标应符合 GB/T 18407.2 的规定。

5.2 中心栽培区

选择海拔 600 m 以下，相对高度 200 m 以下，坡度 25°以下，土层厚度 60 cm 以上，pH 值 4.5～6.5 的红壤、黄壤或黄棕壤的低山丘陵作为油茶造林地。

5.3 北缘栽培区

选择海拔在 400 m 以下，相对高度 200 m 以下，坡度 25°以下，土壤深厚、疏松，排水良好、向阳的丘陵地或山腰缓坡地作为油茶造林地。土壤以 pH 值 4.5～6.5 的红壤、黄壤和黄棕壤的丘陵为宜。

5.4　南缘栽培区

选择海拔 700 m 以下，相对高度 200 m 以下的地带，坡度 25°以下，有效土层厚度中层至厚层（40 cm 以上）、质地中壤至黏壤、pH 值 4.5～6.5 的赤红壤、红壤、黄壤等，选择光照充足的斜坡或缓坡造林。

5.5　西南高原栽培区

西南高山地区，应选在海拔 1800 m 以下的微酸性缓坡地作为油茶造林地。

6　栽植

6.1　规划设计

按照 LY/T 1607 和 LY/T 1557 的规定规划设计。

6.2　整地

根据造林地坡度、土层厚度等因素确定采取全垦、带垦或穴垦的整地方式。在平地、缓坡地（在 10°以内）或需间作的林地宜采用全垦，坡度超过 10°按行距环山水平开梯，外高内低，按株行距定点挖穴：10°～15°，梯面宽 3～6 m；15°～25°，梯面宽 1.5～2.5 m，梯面宽度和梯间距离要根据地形和栽培密度而定。具体整地技术参见 LY/T 1557 和 GB/T 15776。

6.3　挖穴

按株行距定点开穴或按行距进行撩壕，穴的规格宜 60 cm×60 cm×60 cm 以上，撩壕规格为 60 cm（宽）×60 cm（深）。

6.4　施基肥

定植前 60 d 施用有机肥，定植前 20～30 d 在穴中施放腐熟的土杂肥 10～30 kg 或有机肥 1～2 kg 并回填表土。

6.5　种苗选择

根据适应性选择适合当地的国家或各省审（认）定的油茶良种，苗木质量按照 GB/T 26907 执行。

6.6　栽植密度

纯林栽植密度宜采用 2.5 m×2.5 m、2.5 m×3.0 m，3.0 m×3.0 m 株行距。实行间种或者为便于机械作业，栽植密度株行距以 2 m×4 m、

2.5 m×5 m、3 m×5 m 为宜。

6.7 品种配置

在适合栽培区的审定品种中，应根据主栽品种的特性，配置花期相遇、亲和力强的适宜授粉品种。

6.8 栽植

6.8.1 栽植方法

裸根苗宜带土或者蘸泥浆后栽植。将苗木放入穴中央，舒展根系，扶正苗木，边填土边提苗、压实，嫁接口平于或略高于地面（降雨较少的地区可适当深栽）。栽后浇透水，用稻草等覆盖小苗周边。容器苗栽植前应浇透水，栽植时去除不可降解的容器杯。

6.8.2 栽植季节

根据栽培区域选择栽植季节，中心栽培区油茶栽植在冬季 11 月下旬到次年春季的 3 月上旬均可，最适时期是 2 月上、下旬。容器苗可适当延长栽植季节。受印度洋季风影响的云南等地区宜选择雨季造林。

6.9 补植

宜用相同规格的容器苗补植。

7 林分管理

7.1 幼林管理

7.1.1 松土除草

种植前 4 年应及时中耕除草，扶苗培蔸。松土除草每年夏、秋各 1 次。

7.1.2 施肥

施肥一年 2 次，春施速效肥，尿素每株 0.5 kg。冬施迟效肥，如火土灰或其他腐熟有机肥，每株 2 kg。

7.1.3 整形修剪

油茶定植后，在距接口 30～50 cm 上定干，逐年培养正副主枝，使枝条比例合理，均匀分布，通过拉枝和修剪塑造树形，油茶的适宜树形为圆头形和开心形。

7.1.4 套种

在幼林地可间种收获期短的矮秆农作物、药材，也可间种黑麦草、紫云英等绿肥并及时刈割培肥。

7.2 成林管理

7.2.1 土壤管理

夏季铲除杂草，深度 8～10 cm，每年 6—7 月进行。

冬季深翻土层，深度 15～20 cm，在 12 月至翌年 1 月进行，每 2～3 年冬挖一次。

7.2.2 施肥

大年以磷钾肥、有机肥为主，小年以氮肥和磷肥为主。每年每株施复合肥 0.5～1.0 kg 或有机肥 1～3 kg，以有机肥的施用为主，采用沿树冠投影开环状沟施放。

7.2.3 修剪

在每年果实采收后至翌年树液流动前，剪除枯枝、病虫枝、交叉枝、细弱内膛枝、脚枝、徒长枝等。修剪时要因树制宜剪密留疏，去弱留强，弱树重剪，强树轻剪。

8 病虫害防治

参见 GB/T 8321 和附录 A。

9 茶果采收和处理

果实充分成熟才能采收，果实成熟的标志为果皮光滑，色泽变亮。红皮类型的果实成熟时果皮红中带黄，青皮类型青中带白。种壳呈深黑色或黄褐色，有光泽，种仁白中带黄，呈现油亮。

油茶果实要及时采收，随即在室外摊晒，促进果实开裂。一天中翻动数次，待果实开裂、种子自动脱落后捡取种子。

图书在版编目（CIP）数据

油茶主推良种配套丰产新技术 / 陈永忠，陈隆升
主编. -- 长沙 ：湖南科学技术出版社，2024.8
（乡村振兴-科技助力系列）
ISBN 978-7-5710-2691-2

Ⅰ．①油… Ⅱ．①陈… ②陈… Ⅲ．①油茶—栽培
技术 Ⅳ．①S794.4

中国国家版本馆 CIP 数据核字(2024)第 042702 号

YOUCHA ZHUTUI LIANGZHONG PEITAO FENGCHAN XIN JISHU
油茶主推良种配套丰产新技术

主　　编：陈永忠　陈隆升
出 版 人：潘晓山
责任编辑：李　丹　欧阳建文　任　妮　张蓓羽
出版发行：湖南科学技术出版社
社　　址：长沙市芙蓉中路一段 416 号泊富国际金融中心
网　　址：http://www.hnstp.com
湖南科学技术出版社天猫旗舰店网址：
　　　　　http://hnkjcbs.tmall.com
邮购联系：0731-84375808
印　　刷：长沙沐阳印刷有限公司
　　　　（印装质量问题请直接与本厂联系）
厂　　址：长沙市开福区陡岭支路 40 号
邮　　编：410003
版　　次：2024 年 8 月第 1 版
印　　次：2024 年 8 月第 1 次印刷
开　　本：787mm×1092mm　1/16
印　　张：17.25
字　　数：277 千字
书　　号：ISBN 978-7-5710-2691-2
定　　价：45.00 元